宇宙から見た地形
――日本と世界――

加藤碵一　山口　靖　渡辺　宏　山崎晴雄　汐川雄一　薦田麻子　………編集

朝倉書店

協力：財団法人　資源・環境観測解析センター
＊記載されてあるASTERデータの著作権は，経済産業省およびNASAにある

まえがき

　私たちがよって立つ大地，住み暮らす地球のさまざまな容貌を，またその変遷を広く見るにはどうしたらよいでしょう．それを可能にするのが人工衛星に積載した各種光学センサ（本書では主に日本が開発したASTERセンサ）で地球表面から反射または放射される可視光や赤外線などの電磁波を捉える技術である衛星リモートセンシングです．これによって取得される画像データを目的に合わせて様々に処理して判読し，地球を理解し探査する上で貴重な情報として利用することができるからです．とくに，地上や低空での観測では把握しにくい広域的な地表の形状，すなわち地上の視線では捉えられない地形を俯瞰し，また，繰り返し撮影することによってその変化を捉えることも容易なのです．人跡未踏ないしアクセスが極めて困難な地域の地形も，リモートセンシングの力で目のあたりにすることができます．

　地形の成り立ちは様々ですが，本書では，I．水と氷が刻む地形，II．悠久の大陸地形，III．変動する地形に大別して，現地写真とともに提示しています．Iでは，川などの流水による侵食・堆積地形としてデルタ・峡谷など，氷の流下・侵食による地形として氷河・フィヨルド・氷河湖などを紹介します．IIでは，相対的に安定した大陸地域に発達する盆地・砂丘・岩体を示しています．IIIでは，現在も続くプレート運動に起因する日本をはじめ大陸の一部に見られる激しい地殻変動によって形成された，また形成されつつある変動地形，例えば地震により隆起した段丘や各種土砂災害の現状，活発かつ大規模な地すべり，激しく隆起しつつある山脈，傾動地塊運動による内陸盆地，大構造線・断層やそれに付随する地形群，火山活動によるカルデラ，一転して生物によって形成されつつあるサンゴ礁などなど，生き生きした大地の営みを現す多様な地表の有り様を宇宙から現地から紹介します．

　また，読者の地形に対する理解を深めるために，「地形の見方・読み方」を付しておきました．ご一読ください．

　さらに，地形と密接に関連した地質を同様の視点で紹介した姉妹編である『宇宙から見た地質―日本と世界』を合わせてごらんいただければ，私たちの住む地球，その大地を，地球環境をより一層深く広く理解することができるでしょう．ぜひ併読することをお勧めいたします．

　（なお，文献は参考のため記したものや概括的なものは，必ずしも本文中に引用箇所を示していないことをあらかじめお断りしておきます．）

2010年1月

編集者一同

編 集 者

加藤 碵一 (かとう ひろかず)	産業技術総合研究所地質調査総合センター	〔15, 22, 23 章〕
山口 靖 (やまぐち やすし)	名古屋大学大学院環境学研究科地球環境科学専攻	〔2 章〕
渡辺 宏 (わたなべ ひろし)	国立環境研究所地球環境研究センター	〔ASTER 巻頭解説, 10 章〕
山崎 晴雄 (やまざき はるお)	首都大学東京大学院都市環境科学研究科地理環境科学域	〔19 章, 地形の見方・読み方〕
汐川 雄一 (しおかわ ゆういち)	資源・環境観測解析センター企画調査部	
薦田 麻子 (こもだ まこ)	資源・環境観測解析センター技術一部	

執 筆 者 (執筆順)

堀 和明 (ほり かずあき)	名城大学理工学部環境創造学科	〔1 章〕
斎藤 文紀 (さいとう よしき)	産業技術総合研究所地質情報研究部門	〔1 章〕
海津 正倫 (うみづ まさとも)	名古屋大学大学院環境学研究科社会環境学専攻	〔3 章〕
中野 智子 (なかの ともこ)	中央大学経済学部	〔4 章〕
松山 洋 (まつやま ひろし)	首都大学東京大学院都市環境科学研究科地理環境科学域	〔5 章〕
白岩 孝行 (しらいわ たかゆき)	総合地球環境学研究所	〔6 章〕
小野 有五 (おの ゆうご)	北海道大学大学院地球環境科学研究院統合環境科学部門	〔7 章〕
藤田 耕史 (ふじた こうじ)	名古屋大学大学院環境学研究科地球環境科学専攻	〔8 章〕
高橋 裕平 (たかはし ゆうへい)	産業技術総合研究所地質調査情報センター	〔9 章〕
松倉 公憲 (まつくら きみのり)	筑波大学大学院生命環境科学研究科地球環境科学専攻	〔11 章〕
足立 守 (あだち まもる)	名古屋大学博物館	〔12 章〕
宍倉 正展 (ししくら まさのぶ)	産業技術総合研究所活断層・地震研究センター	〔13 章〕
在田 一則 (ありた かずのり)	北海道大学総合博物館資料部	〔14 章〕
山野 博哉 (やまの ひろや)	国立環境研究所地球環境研究センター	〔16 章〕
松永 恒雄 (まつなが つねお)	国立環境研究所地球環境研究センター	〔16 章〕
星住 英夫 (ほしずみ ひでお)	産業技術総合研究所地質情報研究部門	〔17 章〕
増田 富士雄 (ますだ ふじお)	同志社大学理工学部環境システム学科	〔18 章〕
村越 直美 (むらこし なおみ)	信州大学理学部物質循環学科	〔18 章〕
赤羽 貞幸 (あかはね さだゆき)	信州大学教育学部	〔20 章〕
竹之内 耕 (たけのうち こう)	糸魚川市教育委員会フォッサマグナミュージアム	〔21 章〕
加藤 茂弘 (かとう しげひろ)	兵庫県立人と自然の博物館自然・環境評価研究部	〔24 章〕
釜井 俊孝 (かまい としたか)	京都大学防災研究所斜面災害研究センター	〔25 章〕
笹田 政克 (ささだ まさかつ)	応用地質株式会社技術本部	〔26, 27 章〕

目 次

ASTER の立体視機能による地形情報の抽出──画像の解説　〔渡辺　宏〕　1

I　水と氷が刻む地形

1. ミシシッピデルタ──典型的な鳥趾状デルタとその変遷　〔堀　和明・斎藤文紀〕　4
2. グランドキャニオン──侵食と隆起が造った大峡谷　〔山口　靖〕　8
3. ガンジスデルタ──激しい地形変化のみられるガンジス川河口付近　〔海津正倫〕　12
4. レナ川──永久凍土地帯を流れる大河　〔中野智子〕　16
5. アマゾン川──黒い水と茶色い水が混ざらない2色の川　〔松山　洋〕　20
6. ベーリング氷河──世界最大の山岳氷河　〔白岩孝行〕　24
7. ソグネフィヨルド──全長200 km・最深部1.3 kmの最長フィヨルド　〔小野有五〕　28
8. ヒマラヤの氷河湖──決壊洪水GLOFの爪痕　〔藤田耕史〕　32

II　悠久の大陸地形

9. モンゴル・ウランバートル──大陸の盆地の都　〔高橋裕平〕　38
10. タリム盆地──世界最大級の内陸盆地　〔渡辺　宏〕　42
11. 砂　漠──ルブアルハリ砂漠の大砂丘群　〔松倉公憲〕　46
12. エアーズロック（ウールル）──砂漠の一枚岩：オーストラリアの臍　〔足立　守〕　50

III　変動する地形

13. 房総半島──大地震で形成された海岸段丘　〔宍倉正展〕　56
14. 8,000 m峰を刻むカリガンダキ川──世界でもっとも深い谷　〔在田一則〕　60
15. 穂高・槍ヶ岳──北アルプスの盟主・日本のマッターホルン　〔加藤碵一〕　66
16. サンゴ礁──生物によって形成された地形　〔山野博哉・松永恒雄〕　69
17. 阿蘇カルデラ──大規模火砕流噴火を繰り返した巨大カルデラ　〔星住英夫〕　72
18. ジブラルタル海峡──地球史と人類史の変動堰　〔増田富士雄・村越直美〕　76
19. リアス式海岸──間氷期のスナップショット　〔山崎晴雄〕　80
20. 半地溝：長野盆地──傾動地塊運動による盆地の形成　〔赤羽貞幸〕　84
21. フォッサマグナ西縁を画する糸魚川‐静岡構造線──本州を縦断する大断層　〔竹之内 耕〕　88
22. 松本盆地・北アルプスと周辺の地形──東北日本弧と西南日本弧の会合部　〔加藤碵一〕　92
23. エルジンジャン盆地──北アナトリア断層によるプル・アパート・ベイスン　〔加藤碵一〕　96
24. アファー低地──引き裂かれていく大陸　〔加藤茂弘〕　100

25	インドネシア・ジャワ島西部の地すべり——大規模な地すべり地形	〔釜井俊孝〕	104
26	2008年四川大地震——チベット高原の縁を走る逆断層	〔笹田政克〕	108
27	平成20年（2008年）岩手・宮城内陸地震——大規模地すべり・土石流	〔笹田政克〕	112

地形の見方・読み方　　〔山崎晴雄〕　117

1．地形とは何か——地形のスケール　117
　1.1　地形面の認識　117
　1.2　地形型の規模（スケール）による区分　118
2．地形の形成作用——どのように地形は作られるのか　119
　2.1　内作用と外作用　119
　2.2　気候地形区分　120
3．内作用の作る地形　122
　3.1　プレート運動　122
　3.2　プレート境界の運動と変動帯　124
　3.3　断層運動による地形　126
　3.4　火山の形成　127
4．外作用の作る地形　128
　4.1　流水（河川・海）の作る地形　128
　4.2　段丘地形　130
　4.3　氷や凍結・融解作用でできる地形　132
　4.4　周氷河地形　132
　4.5　風の作る地形　134

ASTERの立体視機能による
地形情報の抽出——画像の解説

　本書で紹介するASTER（アスター）画像はAdvanced Spaceborne Thermal Emission and Reflection Radiometerという日本製のセンサを用いて撮影された．ASTERのほとんどの昼間観測（フルモード観測）データには，可視近赤外（VNIR）放射計の直下視と後方視（バンド3Nとバンド3B）の2つの観測データが，セットで含まれている．これは，地球上の同じ場所を直下視・後方視の2つの望遠鏡（27.6度の角度がある）によって観測したもので（図1参照），立体視の基線・高度比（Base to Height比またはBH比）は約0.6である．こうした同一軌道からの立体視は，2つの観測データの撮像時間差が約55秒と短いため，複数軌道からの立体視に比較して，雲のない立体視ペアの取得確率が高い．さらに地表面の状態変化がほとんどないため，肉眼での立体視観察はもちろんのこと，ディジタル標高モデル（DEM=Digital Elevation Model）の生成が行いやすく，さらにDEMを使った正射投影（オルソ）画像の作成も可能である．

　ASTERの各画素の地表面上での絶対位置は，衛星の位置・姿勢，各画素に対応する検出器（CCD）の幾何学的情報から各画素の視線ベクトル（LOS vector=Line of Sight vector）を求め，それと地球楕円体との交点を計算することによって得られる．レベル1B，レベル2のプロダクトでは，この値が位置情報として与えられている．しかし，地表面の標高が高くなり，地球楕円体との差が大きくなるにつれて位置情報の誤差は次第に大きくなり，高い山では地形に由来する位置誤差（倒れ込み誤差）が数百メートル程度に及ぶ．

　ASTERのDEMの作成では，まず直下視と後方視のデータ上で地表面の対応点を捜し，その位置を1画素以内の精度で計算する．次に各対応点に関して，直下視と後方視の視線ベクトルの交点を求め，その交点の地球楕円体に対する標高（対楕円体高）と位置を計算する．さらに2次元で等間隔のデータとするために求められた標高と位置を内挿し，各画素の地球楕円体に対する標高をDEMデータプロダクトとして作成している．このDEMを使って，レベル3A（オルソ補正済み放射輝度）とレベル4（DEM）のデータプロダクトでは，標高に由来する各画素の倒れ込み誤差が補正されている．

　このように，ASTERのデータ処理では，緯度，経度，標高の情報を地上基準点（GCP=Ground Control Point）を使わずに計算しているが，位置の絶対精度は標準偏差で15m以下である．図2に東京のASTER画像上に地図情報を重ねたものを，図3にASTERのDEMと国土地理院の数値標高データとの比較を示す．いずれも，ASTERデータの位置精度が非常に高いことを示している．

　このようにASTERデータから得られる位置と標高の精度がきわめて高いことから，立体視観測のみならず，ASTER画像と地図の重ね合わせ，ASTERデータからの鳥瞰図の作成などを容易に行うことができる．地形の解析のためには，任意の断面図での標高の変化を求めたり，地表面の走向・傾斜を計算したりすることもできる．

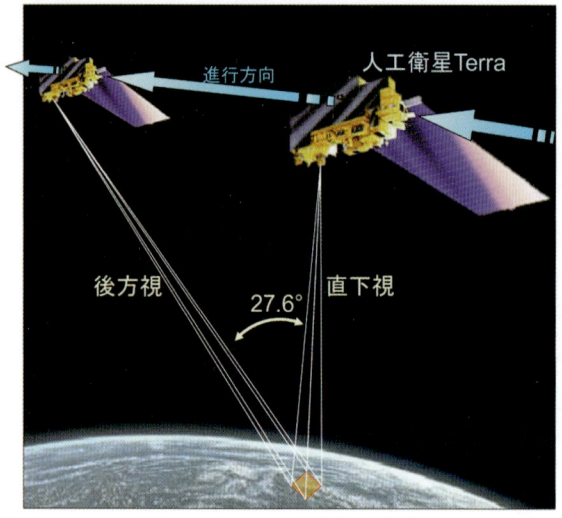

2　ASTERの立体視機能による地形情報の抽出——画像の解説

図1　ASTERの立体視の説明図

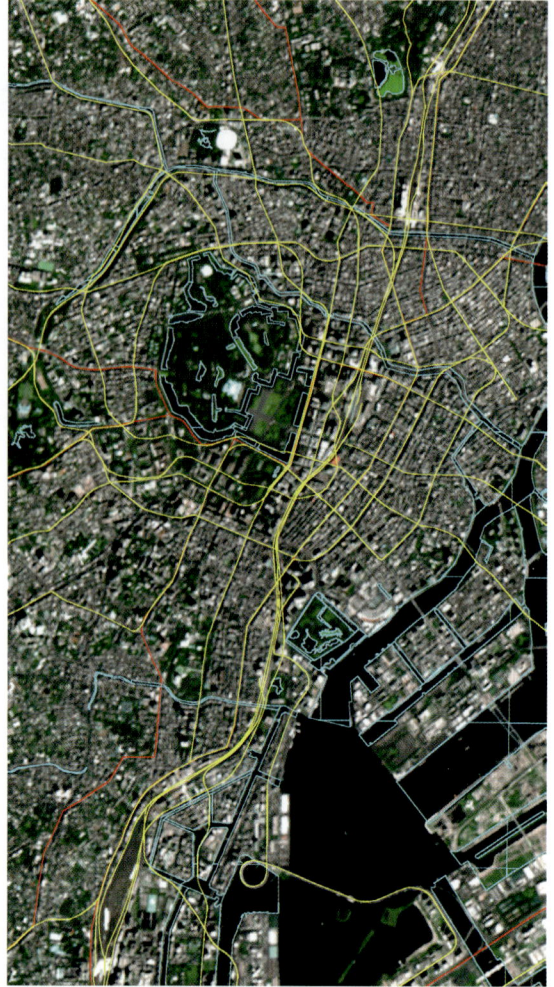

図2　東京のASTER画像と地図情報（道路）の重ね合わせ

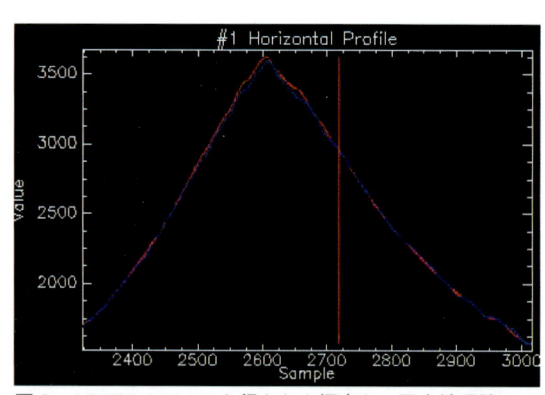

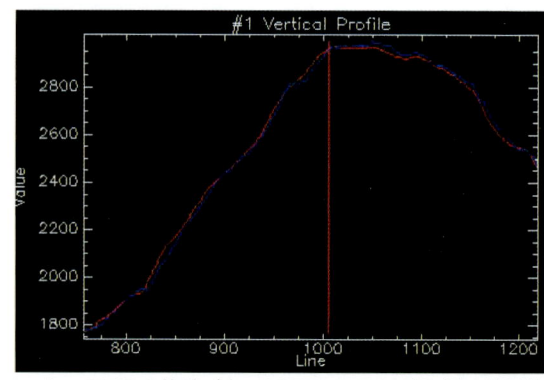

図3　ASTER DEMから得られた標高と，国土地理院の50mメッシュDEMの比較（赤：ASTER DEM，青：国土地理院のDEM）

I

水と氷が刻む地形

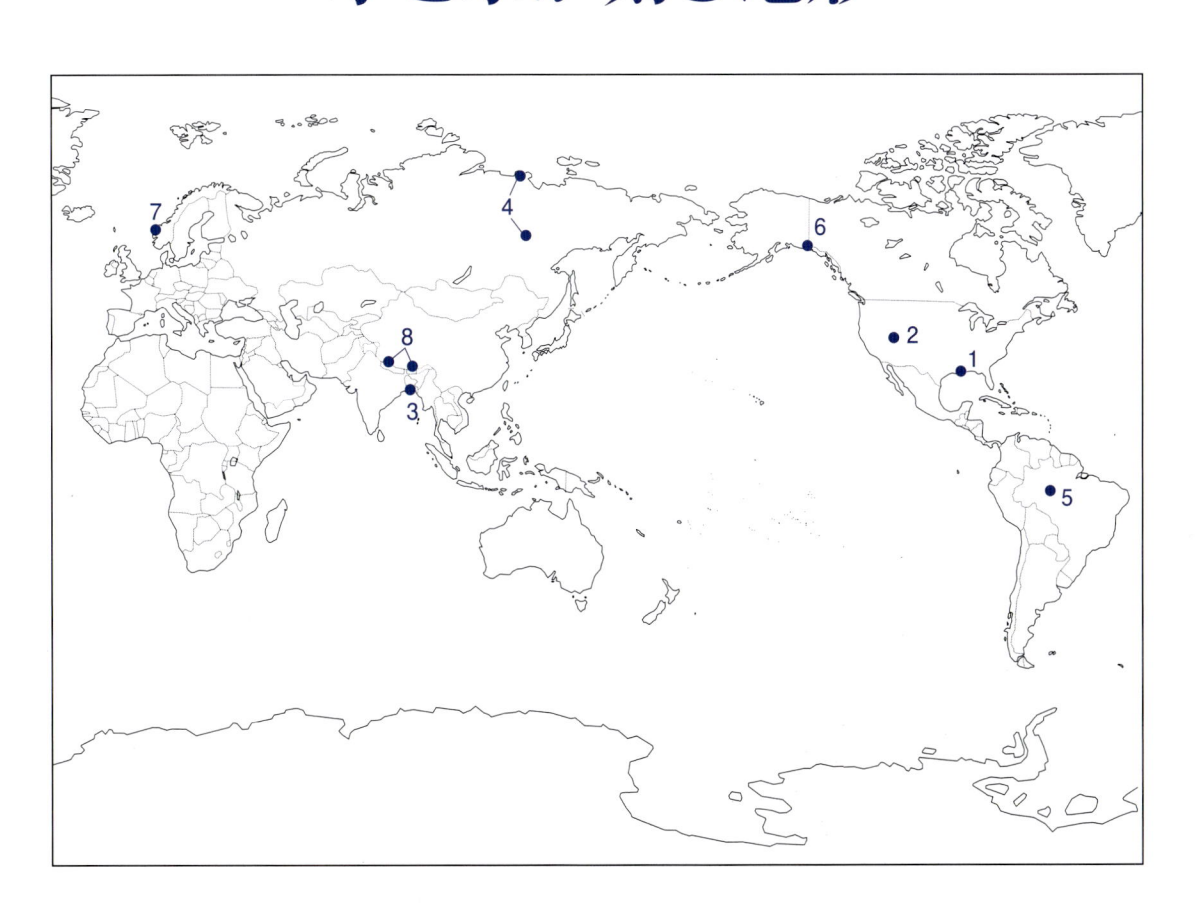

1 ミシシッピデルタ
——典型的な鳥趾状デルタとその変遷

　ミシシッピ川は，アメリカ合衆国南部のルイジアナ州でメキシコ湾に注ぎ，河口部に世界有数の大規模なデルタ（三角州）を形成している（図1.1）．ミシシッピ川本流およびそこから分流した何本もの河道が海側に伸長し，デルタの平面形は鳥趾状（鳥の足ゆび状）を呈する．これは河口部において，河川の営力が潮汐や波の営力よりも強いためである．たとえば，潮汐の影響が卓越する場合，バングラデシュのガンジスデルタ（⇨図3.1）のように河口部がラッパ状に開くような形態となる．河道の両側には，洪水時に溢れた土砂が堆積してできた高まりである自然堤防が発達し，河道と河道の間には分流水路間の海（interdistributary bay）が広がる．また，デルタプレイン（三角州平野）には湿地（草本のみの湿地はマーシュ（marsh），樹木のある湿地はスワンプ（swamp）と呼ばれる）が分布する．

　MODIS画像（図1.2）では本流や分流の河口付近が茶色にみえる．これは河川の運んできた細粒な土砂が河口前方に堆積していることを示す．デルタは水中に土砂が堆積することで前進する．図1.3は，古い地図やボーリングコア堆積物の解析により明らかにされたサウスウェストパス（図1.1）の前進過程である（Gould, 1970; Coleman, 1988）．河口付近は過去215年間に約17 km前進している．また，地質断面図の中に描かれた同時間線と堆積相との関係から，堆積速度がデルタフロントや分流河口州（distributary mouth bar）で大きく，プロデルタ（デルタフロントの沖の，より深いところで，泥質な堆積物が分布している）で小さいことがわかる．これは河川から供給された堆積物が海面下のデルタフロントに活発に堆積すること，また，デルタの縦断面形において傾斜の大きな場所で堆積速度が大きくなるためである．

　ミシシッピ川はその流路を頻繁に変えており，氷床の融解にともなう海水準上昇の速度が鈍化した過去7,000～8,000年間に，テシュやセントバーナード，ラフォルシェをはじめとする6つのデルタ複合体（delta complex）を形成してきた（図1.4）（Kolb and van Lopik, 1958; Frazier, 1967; Roberts, 1997）．堆積物の放射性炭素年代測定結果や考古遺跡の研究にもとづけば，テシュまで（図1.4の①と②）は3500年前以前の海水準上昇期に，セントバーナード以降（図1.4の③～⑥）が引き続く海水準安定期に発達したと考えられている（Boyd et al., 1989）．図1.1の画像はデルタ複合体の中のバリーズ（⑤）と呼ばれる過去千年間に発達した部分の先端部に相当し，1800～1900年代にも活発にデルタが拡大してきたことが報告されている．しかし，20世紀後半以降のダムや堤防建設に伴う土砂供給量の減少に加え，分流であるアチャファラヤ川への流量や土砂供給量が相対的に増えたため，このデルタ複合体への土砂輸送量は激減し，代わってアチャファラヤ-ワックスレイクデルタ複合体（⑥）の成長が目立つようになってきた．流路変更が起こると，それまで活動的であったデルタ複合体は放棄される．完全に放棄されたデルタ複合体は，沿岸侵食および相対的な海水準上昇によりバリアー（湾口や沿岸にみられる，海岸線に平行して伸びる砂や礫からなる高まり）やバリアー島に変化し，最終的に内側陸棚の浅瀬（inner-shelf shoal）になってしまう（Penland et al., 1988）．バリーズのデルタも湿地帯の縮小などの問題が顕在化してきている．

メキシコ湾岸に広がる海岸低地は，ハリケーンに伴う高潮・強風・降雨などによる被害を受けやすく，ミシシッピデルタもその例外ではない．最近では，2005年のハリケーン・カトリーナにより，デルタ上に位置するニューオリンズで堤防決壊が相次ぎ，甚大な浸水災害を被った（図1.5）．ニューオリンズの市街地の多くは海抜ゼロメートル以下にある．これはもともと低平なデルタプレインであることに

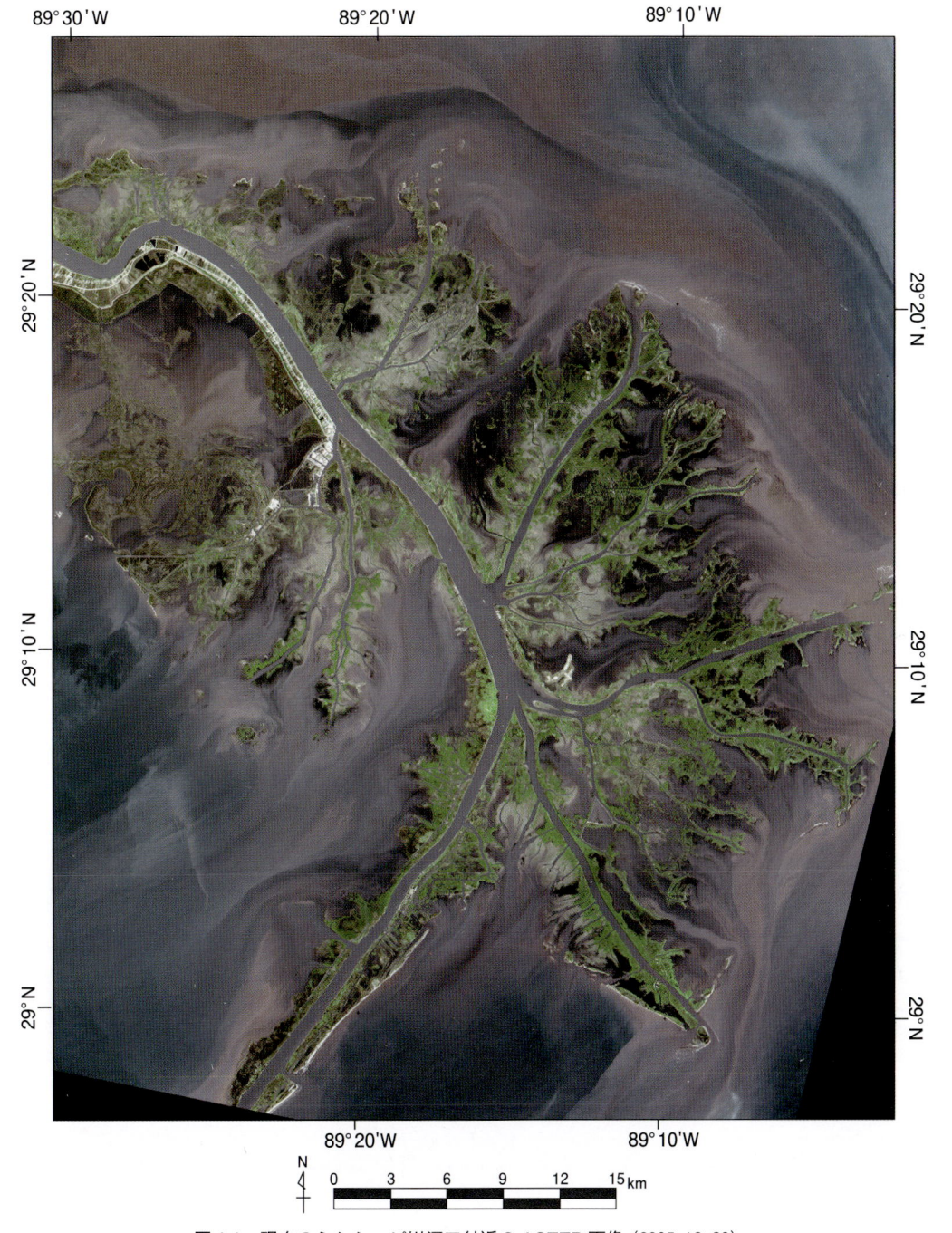

図1.1 現在のミシシッピ川河口付近のASTER画像（2005.12.20）
図1.4⑤に示したバリーズと呼ばれるデルタ複合体の先端に相当する．また，図の下端で南南西方向に伸びていく流路が，図1.3のサウスウェストパスである．

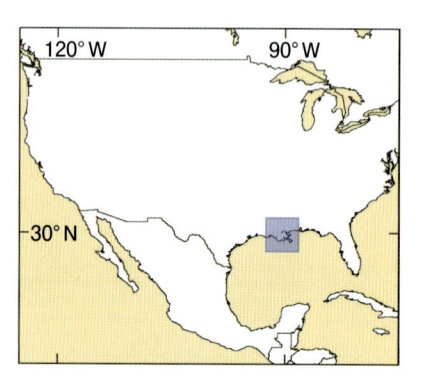

図1.2 ミシシッピデルタのMODIS画像．画像の位置は右図に示した．

図1.2の位置図

加え，軟弱な地層の圧密に伴う地盤沈下も影響している．

さらに，近年ではデルタプレイン上に広がる湿地帯の喪失が大きな問題になっている．たとえば，アメリカ地質調査所が行ったルイジアナ州南部における調査（Morton et al., 2005）によると，原油をはじめとする炭化水素生産にともなう地盤沈下が湿地帯喪失の主要因だと考えられている（図1.6）．この他，ミシシッピ川の土砂輸送量の減少や地球温暖化にともなう海水準上昇も，湿地帯のみでなく，沿岸のバリアーやバリアー島の侵食に寄与する．湿地帯やバリアーなどは生態系の維持のみでなく，ハリケーンによる高潮などを緩和する役割も持っている．その保全や修復のためには，人間活動により低下してしまった，さまざまな時空間スケールにおける河川と海岸の相互作用を再確立していくことが望まれる（Day et al., 2007）．

■ 文　献

Boyd, R., Suter, J. and Penland, S. (1989): Relation of sequence stratigraphy to modern sedimentary environments. *Geology*, 17: 926-929.

Coleman, J.M. (1988): Dynamic changes and processes in the Mississippi River delta. *Geological Society of America Bulletin*, 100: 999-1015.

Day Jr., J.W. et al. (2007): Restoration of the Mississippi Delta: lessons from hurricanes *Katrina and Rita*. *Science*, 315: 1679-1684.

Frazier, D.E. (1967): Recent deltaic deposits of the Mississippi River: their development and chronology. *Transactions Gulf Coast Association of Geological Societies*, 17: 287-315.

Gould, H.R. (1970): The Mississippi delta complex. In: Morgan, J.P. (ed.), *Deltaic Sedimentation: Modern and Ancient*. SEPM Special Publication 15: 3-30.

Kolb, C.R. and van Lopik, J.R. (1958): *Geology of the Mississippi River deltaic plain, southeastern Louisiana*. U.S. Army Corps of Engineers, Waterways Experiment Station, Technical Report 2: 482p.

Morton, R.A., Bernier, J.C., Barras, J.A. and Ferina, N.F. (2005): *Rapid Subsidence and Historical Wetland Loss in the Mississippi Delta Plain: Likely Causes and Future Implications*. Open-File Report 2005-1216. U.S. Department of the Interior, U.S. Geological Survey, 116p. http://pubs.usgs.gov/of/2005/1216/ofr-2005-1216.pdf

Penland, S., Boyd, R. and Suter, J.R. (1988): Transgressive depositional systems of the Mississippi delta plain: a model for barrier shoreline and shelf sand development. *Journal of Sedimentary Petrology*, 58: 932-949.

Roberts, H.H. (1997): Dynamic changes of the Holocene Mississippi River delta plain: the delta cycle. *Journal of Coastal Research*, 13: 605-627.

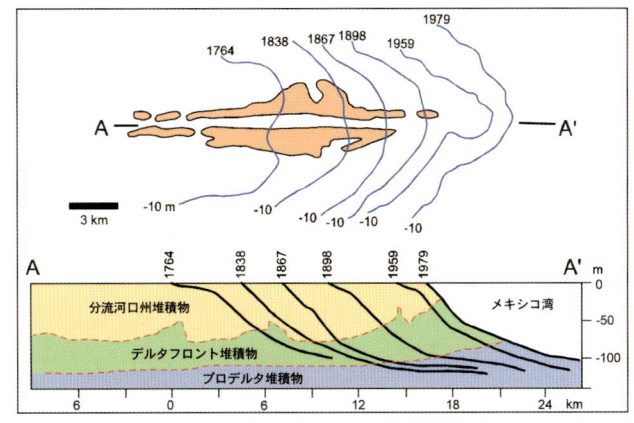

図1.3 サウスウェストパスの1764-1979年の間における前進過程（Coleman（1988）をもとに作成）

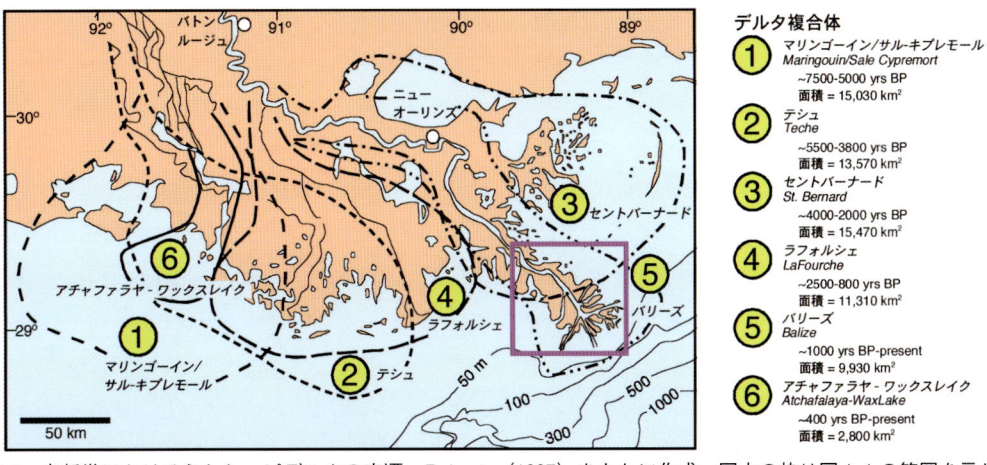

図1.4 完新世におけるミシシッピデルタの変遷．Roberts（1997）をもとに作成．図中の枠は図1.1の範囲を示している．

デルタ複合体
① マリンゴーイン/サル-キプレモール
　Maringouin/Sale Cypremort
　~7500-5000 yrs BP
　面積 = 15,030 km²
② テシュ
　Teche
　~5500-3800 yrs BP
　面積 = 13,570 km²
③ セントバーナード
　St. Bernard
　~4000-2000 yrs BP
　面積 = 15,470 km²
④ ラフォルシェ
　LaFourche
　~2500-800 yrs BP
　面積 = 11,310 km²
⑤ バリーズ
　Balize
　~1000 yrs BP-present
　面積 = 9,930 km²
⑥ アチャファラヤ-ワックスレイク
　Atchafalaya-WaxLake
　~400 yrs BP-present
　面積 = 2,800 km²

図1.5 ハリケーン・カトリーナによる被害の前（上）と後（下）（ASTER画像）

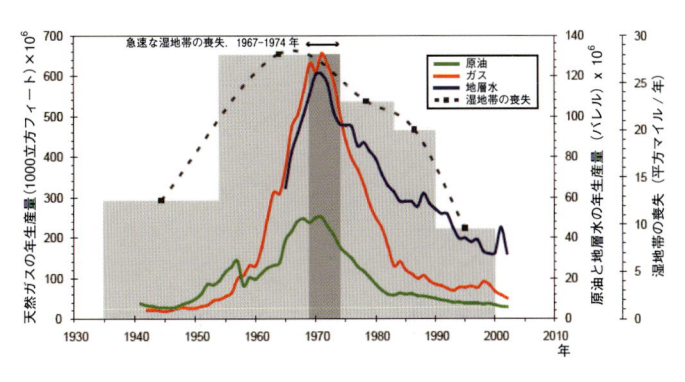

図1.6 炭化水素（原油やガス）の生産とルイジアナ州南部のデルタプレインにおける湿地帯の喪失（Morton et al., 2005）

2 グランドキャニオン
——侵食と隆起が造った大峡谷

　グランドキャニオンは，アメリカ合衆国アリゾナ州北部に位置し，コロラド川によってコロラド高原が侵食されてできた大峡谷である．グランドキャニオンが国立公園に指定されたのは1919年のことで，1979年にはユネスコの世界遺産にも登録された．峡谷の長さは東西350 km，深さは平均で1,600 m，幅は中央部では平均14 km（6 kmから30 km）あるが，東端のマーブルキャニオンではわずか180 mしかない．図2.1は，グランドキャニオンのほぼ中央部から東部を撮影したもので，画像の右端でコロラド川が深い峡谷の中を大きく湾曲して北から西へ流れている．

　コロラド川はロッキー山脈に源を発し，カリフォルニア湾に流れ込むまで総延長は約2,320 kmに及ぶ．コロラド川は，スペイン語で"Rio Colorado（赤い川）"と呼ばれ，英語でもこの名称がそのまま使われている．これは，川の水に含まれる砂や泥が，鉄サビと同様の鉄酸化鉱物を多く含んでいて赤茶けて見えるためである．コロラド川が運搬する砂礫などの堆積物の量は，かつては1日当たり平均40万トンあったといわれている．さらに洪水の際には水量と流速が大きくなるだけでなく，運搬される砂礫の量や粒径も大きくなり，川による侵食力が格段に強くなる．このコロラド川の急流が，コロラド高原を形成する地層を深く削り込み，グランドキャニオンを造り出した．しかし，1963年に上流にグレンキャニオンダムが建設されてからは，運搬される堆積物の量は約5分の1に減少し，コロラド川の侵食力も以前より小さくなっている．

　グランドキャニオンを造り上げたもう一つの原因は，大地の隆起である．6,500万年前に始まったララミド変動という造山運動により，コロラド高原は隆起を始めた．この隆起により，現在のグランドキャニオン付近で水系が二つに分けられたが，西側の水系上流部の谷頭侵食が徐々に進行して隆起部を越え，東側の水系を河川争奪したため，急激な侵食が起こってグランドキャニオンが形成されたとする説や，隆起部の東側に形成された湖から西側への流出河川が形成され，それが隆起部を削り込んでグランドキャニオンを形成したという説などがあるが，どれが正しいかまだ決着は付いていない．

　グランドキャニオンの深く険しい峡谷の両側には，それとは対照的に平坦な地形面が残されており，北側の平坦面の縁にはノースリム（標高約2,500 m），南側の縁にはサウスリム（標高約2,100 m）という観光の拠点がある．グランドキャニオンは，コロラド高原が南に緩く傾斜した部分に位置しているため，ノースリムのほうがサウスリムよりも約400 m標高が高い．このため，ノースリム側のほうが冬の降雪量が多く，それが溶けると南に向かってコロラド川に流れ込み，グランドキャニオンの北側の峡谷斜面を侵食する．一方，サウスリム側では平坦面が南に緩く傾斜しているため，その周辺の降水は平坦面上を南に向かって流れる．このため，コロラド川の北側のほうが南側よりも侵食が進んでおり，コロラド川から平坦面の縁までの距離が大きい．図2.2と図2.3にサウスリムから見たノースリム方面を示す．

　図2.1のASTER画像では平坦面が緑色となっていて，植物が生育していることを示している．アメリカ西部の砂漠地域に位置するグランドキャニオンでは，夏には標高の低い峡谷内は気温が上昇し，植

図 2.1 グランドキャニオン周辺の ASTER 画像（西側 2005.3.7, 東側 2003.9.19）

図 2.2　グランドキャニオンの ASTER 鳥瞰図
手前に見えるのがサウスリムの観測施設と道路，その先にコロラド川，正面は支流であるブライトエンジェルキャニオン，左側の平坦面の縁がノースリム．

物にとっては厳しい環境となる．それに対して標高が高い平坦面では夏は峡谷内よりも涼しく，植物が生育しやすい．特にノースリムは標高が高いため，植物の量がサウスリムよりも多いことがわかる．

　図2.4のようにグランドキャニオンでは地層が順に積み重なっている様子が明瞭に観察できる．図2.1のサウスリムの北方のコロラド川に沿って，細長く狭く分布している暗灰色の地層は，この地域で最も古く最も下位に位置する先カンブリア紀の深成岩，その周囲（上位）の灰色の地層はカンブリア紀の頁岩や石灰岩である．さらにその上位の画像上で赤灰色の地層は石炭紀からペルム紀の砂岩や石灰岩で，図2.4では赤褐色に見えている部分である．峡谷の縁の明灰色の地層は，ペルム紀のカイバブ層の石灰岩で，これがコロラド高原の平坦面を形成している．図2.4では最も上位の明るい色の地層として見えている．

■ 文　献
Beal, M.D.(1978)：*Grand Canyon -The Story Behind the Scenery*, KC Publications, Las Vegas, 64p.
バージニア・モレル(2006)：素顔のグランド・キャニオン，National Geographic日本版，2006年2月号，40-59.

図 2.3 サウスリムからのグランドキャニオン（撮影：山口 靖）
図 2.2 の中央部とほぼ対応している．正面にブライトエンジェルキャニオンが見える．

図 2.4 サウスリムからのグランドキャニオン（撮影：山口 靖）

3 ガンジスデルタ
——激しい地形変化のみられるガンジス川河口付近

　図3.1に示すASTER画像はインド洋北東部のベンガル湾に注ぐガンジス川の河口付近を示したものである．ヒマラヤ山脈西部に源を持つガンジス川は，下流部でヒマラヤ山脈の北側から流下するブラマプトラ川や世界一の多雨地域であるメガラヤ台地から流下するメグナ川などと合流してベンガル湾に注ぐ流路長2,510 km，流域面積合計173万 km^2 の大河川である．

　ガンジス川の下流部にはベンガル低地（あるいは広義のガンジスデルタ）と呼ばれる広大な低地が広がる．その地形はバリンド，マドフプールジャングルと呼ばれる低い台地や標高10 m以下の低平な沖積低地などからなり，沖積低地の地形は主として河川の作用によって形成された氾濫原，海と川との相互作用によって作られたデルタ（三角州），主として海の作用によって形成された南東部の海岸平野に分けられる．

　デルタの部分はベンガル湾の北岸に面して広く分布しているが，現在の河口付近とそれ以外の地域とでは若干様相を異にする．ガンジス川はこれまで何回も流路変遷を繰り返し，河口の位置を変えると共に堆積域を変化させており，現在の河口より西側の臨海域はすでに顕著な堆積が終わってしまった古いデルタの縁辺部にあたる．また，この地域はベンガル語で美しい森という意味のシュンドルボンと呼ばれ，マングローブ林が大規模に発達し，水路網は干満の影響を受ける地域に特徴的な屈曲したパターンを示しており，マングローブ林の存在によって堆積物が固定されているために顕著な地形変化はほとんど見られない（図3.2）．

　これに対して，現在のガンジス川河口付近では活発な土砂の堆積によって顕著な地形変化が見られる．ガンジス川の流域はモンスーンの影響のもとに雨季と乾季が明瞭に区別され，雨季には莫大な流量の河川水がベンガル湾に注ぐ．その流量は毎秒約3万トンを超え，ガンジス川によって供給される土砂量は年間10億6千万トンにもおよぶ．ガンジス川河口では著しい土砂の堆積と，河流および波浪や潮流などによって顕著な地形変化が引き起こされている．

　河口付近では，河口から排出された堆積物がきわめて低平な島（州）を形成するとともに，それらの堆積物が未固結で軟弱なために波浪や潮流によって容易に侵食され，わずかな期間でも大きく形を変えている．とくに，インド洋で発生するサイクロンの襲来は顕著な高波や高潮を引き起こし，デルタの末端や河口付近に点在する島（州）を侵食し，島の形や海岸線が短期間に大きく変化する（図3.3）．また，これらのガンジスデルタの最新期デルタの部分では，海岸部に十分な堤防が建設されていないにもかかわらず，すでに多くの人々が居住しているため，このような地形変化や温暖化に伴う海面上昇で土地が消失したり水没したりする危険性が大きい．

　図3.1の南西部に南北に発達する島はハティア島と呼ばれ，大きく形を変えている島の一つである．画像の緑色の部分は植生の活性度の高い部分にあたり，暗緑色の部分は密生したマングローブ林の分布域にあたっている．また，ハティア島やその北の陸域にみられる緑色の部分は畑や集落のまわりにひろがる樹木を示している．このASTER画像と約20年前の衛星画像を比較してみると，約20年前のハテ

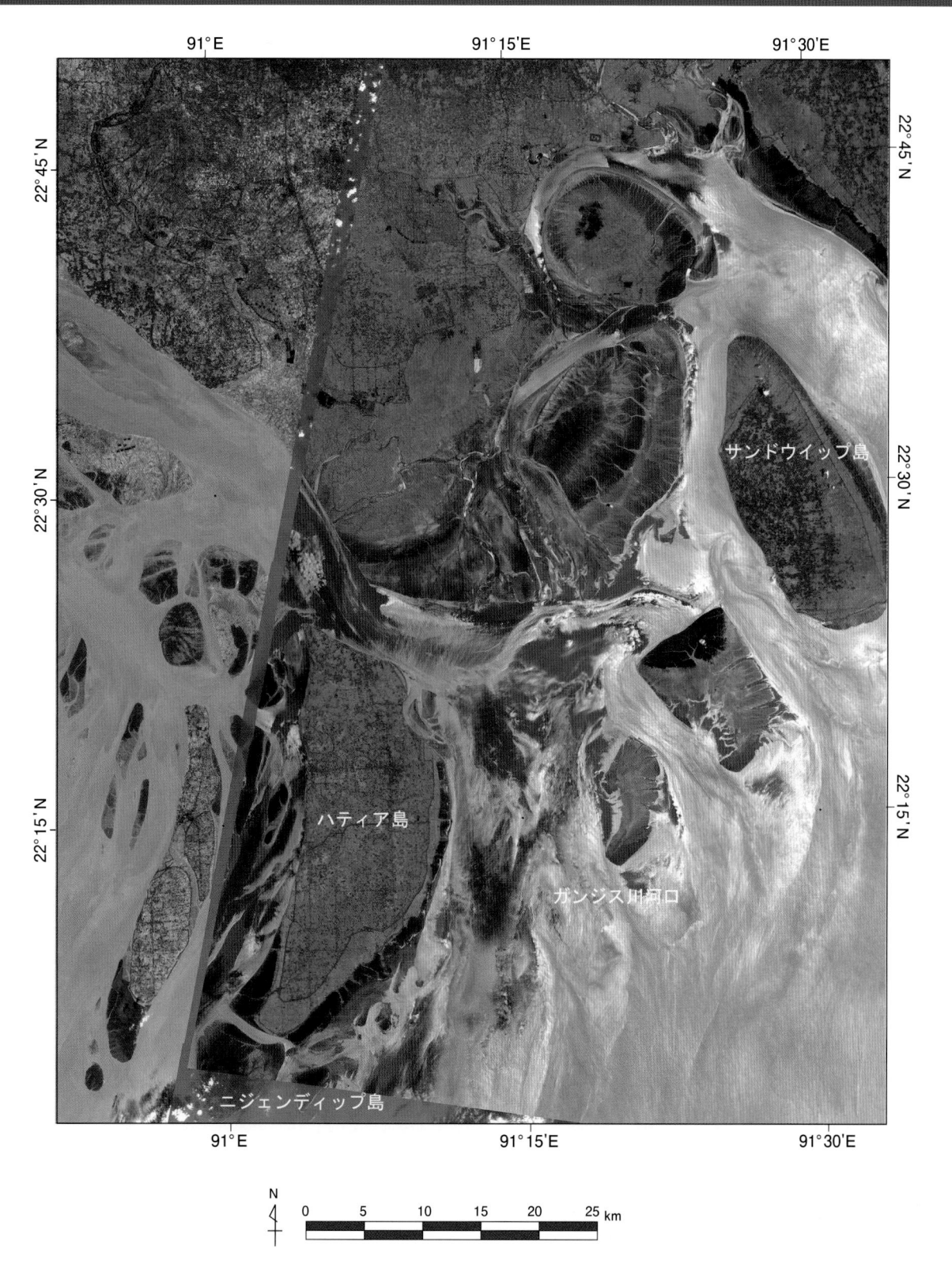

図 3.1 ガンジス河口付近の ASTER 画像（2007.11.7, 2007.11.23, 2008.4.22 の 9 シーンを合成）
ガンジス川河口付近に発達する地形変化の激しい島々．

ィア島の形はより細長く，島の北側にある陸域との間の水域の部分に存在していたハティア島の北端部が消失してしまっていることがわかる．また，島の南側の地域では南端部を囲むように土砂が堆積し，新しい土地がつくられるとともにマングローブ林が拡大したことが読み取れ，狭い水路をはさんだ南側のニジェンディップ島でも新しく拡大した陸域にマングローブ林が広がっていることがわかる．このような変化から，ハティア島とニジェンディップ島とはいずれつながってしまい，一続きの島になる可能性が考えられる．

また，ハティア島の北東側の地域でも新たな土砂の堆積によって著しい地形変化が進行している．画像北東端に一部が見えるサンドウィップ島のすぐ南西に新たな島の形成がはじまっているほか，ハティア島の北に広がる陸域とサンドウィップ島との間にできた島も急速に拡大していることが注目される．

なお，この画像の周辺では，ハティア島の北側に広がるノアカリ地域でガンジス川の派川が陸化して河道をはさんだ南側の島と北側の陸域とが一連のものとなってしまったり，サンドウィップ島の北部の地域が侵食によって消失してしまうなどの著しい地形変化が起こっている (図 3.5)．

ガンジスデルタの河口付近では現在でもこのような著しい地形変化が進行しており(図 3.4, 3.6)，撮影時期の異なる衛星画像を比較することによって，近い将来の地形変化を推定することも可能である．

■ 文　献

堀和明, 斎藤文紀（2003）: 大河川デルタの地形と堆積物. 地学雑誌, 112, 337-359.

Islam, S.(2001): *Sea-level Changes in Bangladesh.* Asiatic Society of Bangladesh, 185p.

Umitsu, M.(1985): Regional characteristics of the landforms in the Bengal Lowland. *Studies in socio-cultural change in rural villages in Bangladesh,* No.1, 1-44, Institute for the study of Languages and cultures of Asia and Africa, Tokyo University of Foreign Affairs.

Umitsu, M.(1987): Late Quaternary Sedimentary Environment and Landform Evolution in the Bengal Lowland. *Geographical Review of Japan,* 60（Ser.B), 2, 164-178.

海津正倫(1991): バングラデシュのサイクロン災害. 地理, 36(8), 71-78.

Umitsu, M.(1993): Late Quaternary Sedimentary Environments and Landforms in the Ganges Delta. *Sedimentary Geology,* 83, 177-186.

海津正倫（1997): ガンジスデルタの地形. 貝塚爽平編『世界の地形』所収, 東大出版会, 364 p.

海津正倫（1997): ベンガル低地の自然と地形変化. *TROPICS,* 6, 29-42.

Umitsu, M.(1997): Landforms and floods in the Ganges delta and coastal lowland of Bangladesh. *Marine Geodesy,* 20, 77-87.

海津正倫（2003): ガンジス川河口にある国. 大橋正明・村山真弓編著『バングラデシュを知るための60章』. 明石書店, 41-45.

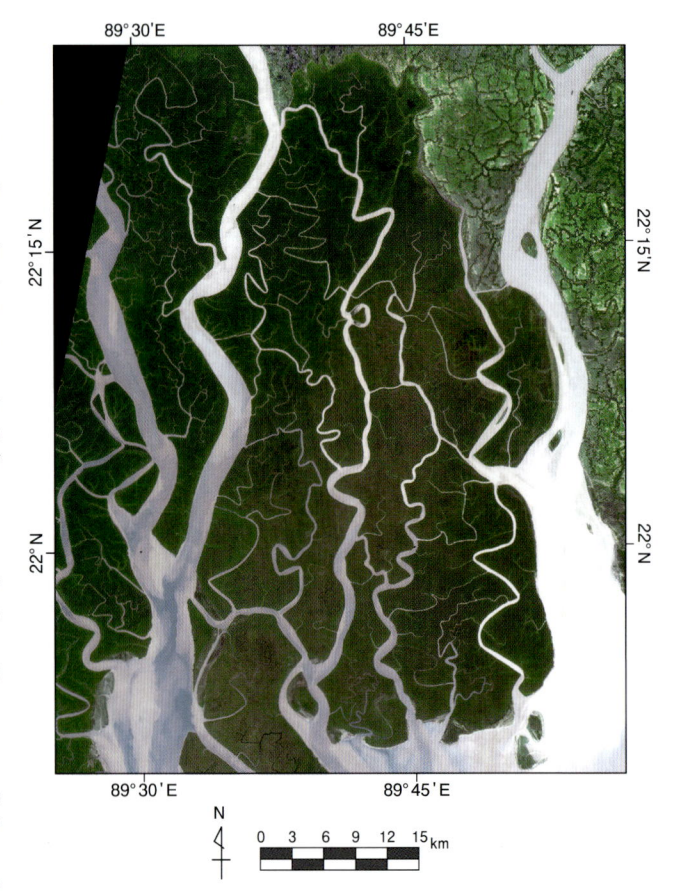

図 3.2 スンダルバンス（シュンドルボン）マングローブのASTER画像（2007.11.21）

図3.3 サイクロンによる高潮で侵食されたサンドウィップ島の海岸線（撮影：梅津正倫）

図3.4 新たな土砂の堆積で形成された干潟とマングローブの若木（撮影：梅津正倫）

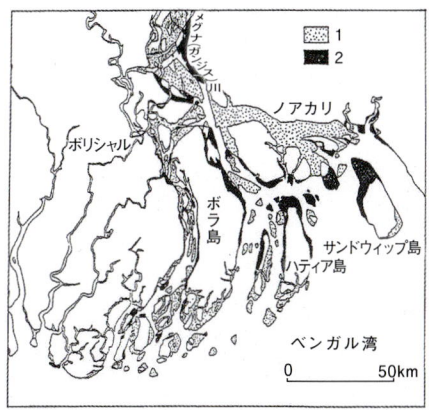

図3.5 ガンジス川河口付近の1960年代から1970年代にかけての地形変化（Umitsu, M., 1985）

図3.6 ベンガル湾に面したサンドウィップ島最南端部（撮影：梅津正倫）

4 レナ川
——永久凍土地帯を流れる大河

　レナ川はロシア連邦東部に位置するバイカル湖西岸のバイカル山脈に源を発し，北極海に注ぎ込むまでの 4,400 km を流れる世界有数の大河である．レナ川は北半球の寒極シベリアの大地を流れ，その流域のほとんどが永久凍土地帯となっている．「永久凍土」という言葉は，「少なくとも過去 2 年間，温度が 0 ℃以下のままだった土壌」と定義されており，シベリアにはその深さが 600 m を超える場所もある．しかし不毛の大地というわけではなく，地表付近は夏に数十 cm から数 m ほど融解するため，表面には草本植物や樹木が生育している．また凍結・融解の作用によって様々な地形が形成され，独特な景観を見ることができる．東シベリアの永久凍土の特徴として，地下に巨大な集塊氷が含まれている点が挙げられる．東シベリアは過去数万年間にわたる最終氷期の間，氷床に覆われることがなく，地表面が寒冷な大気にさらされていたため，地中氷の蓄積が他の地域に比べて極度に進んだのである．

　図 4.1 は中流に位置する都市ヤクーツク周辺の ASTER 画像である．植物が繁茂する地域は緑色，植物の少ない地域は灰色に，また水域は黒く見えている．川は幾筋にも分かれ，蛇行しながら流れていることが見てとれる．レナ川の両岸にはカラマツの森林（タイガ）が広がっているが，その中に点々と虫食いのような空き地が見られる（図 4.1 の黒または灰色の部分）．空き地は皿状の凹地になっており，直径は 100 m から 10 km にも及ぶ．これは氷を多く含む永久凍土が融解して，氷の融解分だけ沈下したためにできる地形であり，「サーモカルスト」と呼ばれる．ヤクーツク周辺にはこうした凹地がとくに多く，この地域ではヤクート語起源の「アラス」という言葉で呼ばれている．ヤクーツク周辺の地下の集塊氷は，後氷期以降，地上に密な森林が繁茂し，それが断熱材として作用することで保たれてきた．しかし火災や伐採など何らかの理由で地表の樹木が失われると，直接夏の暖気や日光が地表面を温めるため永久凍土の融解が進み，凍土に含まれていた氷が融けるために大地が沈下するのである．アラスの中には，融解した水がたまり凹地中央に湖沼を持つものもあれば（図 4.3），乾いて牧草地として利用されている場所もある．

　図 4.2 はレナ川河口域の ASTER 画像である．北極海に注ぎ出たレナ川は大量の砂礫を堆積させ，1 万 km^2 に及ぶ広大なデルタ（三角州）を形成する．画像の中で緑色に見える部分は植物に覆われていることを示しているが，この地域では寒冷な気候ゆえに樹木は育たず，湿性の草本を主とするツンドラ植生となっている．また黒い部分は水域を，白色の部分は氷を表し，夏でも川に氷が浮いていることが分かる．デルタの陸地が黒っぽく見えるのは，永久凍土層が水を浸透させないため，地表付近が湛水し湿地となっているためである．このデルタにおいても永久凍土地帯特有の地形や現象が見られる．図 4.4 は地下に形成される楔状の氷（氷楔）である．冬に地表面付近が強く冷却されると，凍土は収縮して幅数 mm の地割れができる．夏に表層が融解すると，融けた水が深部の割れ目に浸透してすぐに凍結する．こうした凍結・融解のプロセスが毎年毎年繰り返されることによって，土の中に氷の楔が成長するのである．氷楔を形成する割れ目は，地上から見ると一辺が 10～20 m の網目状になっている．地下に氷楔が成長するとその部分の土が押しのけられるため地表部が盛り上がり，一見すると水田の畦道のような

レナ川——永久凍土地帯を流れる大河　17

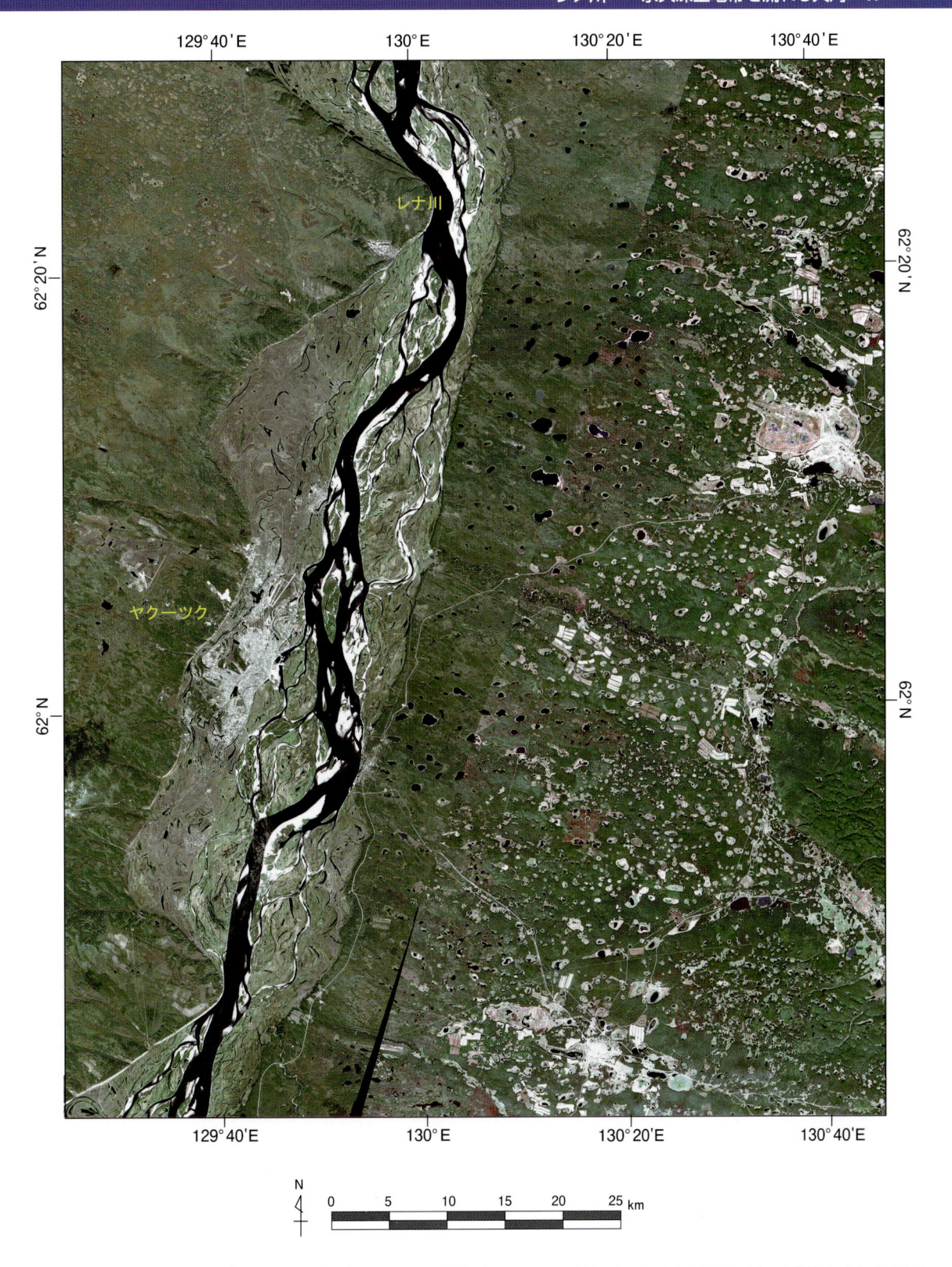

図 4.1　レナ川中流域（ヤクーツク周辺）の ASTER 画像（2000.8.24, 2001.9.10）（中央下部にデータ処理上の欠損あり）

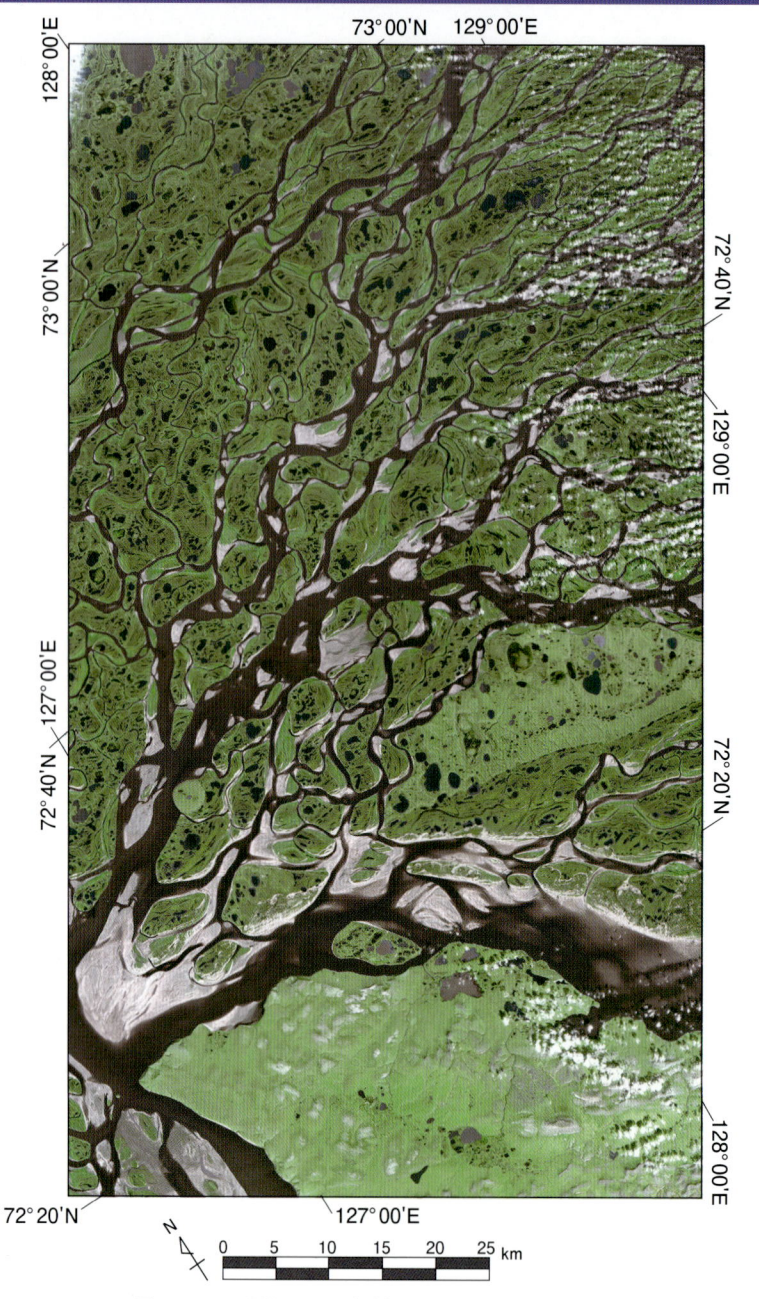

図 4.2 レナ川河口の三角州の ASTER 画像（2005.7.16）

「ツンドラ構造土」と呼ばれる地形が形成される（図 4.5）．こうした氷楔の形成とレナ川による土砂の堆積が数万年にわたって繰り返されることにより，地下には巨大な氷の塊が蓄積されてきた．河岸や海岸の崖では広い範囲にわたって，図 4.6 のような集塊氷が露出している．氷の厚さは 40 m を超え，一定間隔で円柱状になった凍土がはさまれている．後氷期以降の温暖化によって，こうした集塊氷の露頭は徐々に融解・後退してきたが，近年の地球温暖化によって後退が加速されているとも言われている．

■ 文　献
福田正己，小疇 尚，野上道男 編（1984）：寒冷地域の自然環境，北海道大学図書刊行会，274p.

図4.3 ヤクーツク周辺の湖をもつアラス（撮影：中野智子）

図4.4 レナ川河口付近の氷楔（氷の上端の幅は50 cm程度）（撮影：中野智子）

図4.5 レナ川デルタにあるツンドラ構造土（多角形の一辺は15 m程度）（撮影：中野智子）

図4.6 レナ川河口付近の海岸の崖に見られる集塊氷（撮影：中野智子）

5 アマゾン川
——黒い水と茶色い水が混ざらない2色の川

　アマゾン川は，広い意味では，アンデス山脈東斜面を水源の1つとし，南アメリカ大陸北部を流れる大河川のことをいう（図5.1）．流域はブラジル，コロンビア，ペルー，エクアドル，ボリビアの5か国にまたがっている．なお，オリノコ川から分流するカシキアレ川とアマゾン川支流のネグロ川は上流部でつながっており，広い意味ではベネズエラもアマゾン川流域に含まれる．流域面積は約700万km^2（世界最大），河川長は6,400 km（ナイル川の6,650 kmに次いで世界第2位）である．

　狭い意味でのアマゾン川は，ペルーのイキトス上流においてウカヤリ川とマラニョン川が合流した後の下流部のことをいう．この意味でのアマゾン川は，ブラジルに入るとソリモンエス川と呼ばれることがあり，流域のほぼ中央に位置するマナウスの少し下流でソリモンエス川とネグロ川が合流した後の下流部のことをアマゾン川ということもある（図5.1）．

　図5.2は，マナウスの少し下流でソリモンエス川とネグロ川が合流している様子を，Terra/ASTER画像で示したものである．ネグロとはポルトガル語で「黒い」という意味であり，図5.2においてもネグロ川の色は文字通り黒くなっているのが分かる．これに対してソリモンエス川の色は茶褐色であり，マナウスの少し下流で両河川が合流した後も，数十kmにわたってこれらの水は混ざり合わずに流れている．これは，ネグロ川の水とソリモンエス川の水の化学的な性質が異なるためである．

　西沢・小池（1992）によると，茶褐色の川の透明度は小さく，10〜50 cm程度であるという．しかしながら，茶褐色の川において，上流のアンデス山中から運ばれる風化物質は栄養塩類に富んでおり，無機的にはきわめて肥沃である．これらは中性ないし弱アルカリ性であり，魚類も豊富である（図5.2のソリモンエス川もこのような性質を有している）．一方，黒い川の透明度は大きく，水深3 m近くまで見える場合もある．黒い川は栄養塩類に乏しく，酸性が強い．そして，黒い川の上流域には，広大な浸水林に覆われた多雨で低平な地帯が広がっている場合が多い．ここでは，枯死した植物の供給が豊富であり，それによる有機酸のため川も酸性になる．

　西沢（2005）では，ネグロ川とソリモンエス川が混ざらないで流れる原因として，両河川の水温の違いが挙げられている．ネグロ川の水温はソリモンエス川よりも約1℃高く，両河川が接するところでは，ネグロ川の水塊は下方に引き込まれ，ソリモンエス川の水塊が湧き出すように混合するという．このような垂直方向の水塊どうしの流れが，平面的かつ遠目には，両水塊が入り混じる線のように見えるのである（図5.2）．

　マナウス付近では水域の季節変化が大きい．この場合の季節変化とは，河川水の水平的な広がり（図5.3）と水位の上昇・下降の両方を意味する．前者に関して，河道沿いに分布する季節的な浸水域のことをヴァルゼアと呼び，そこでは主として1年生の作物が栽培されている（西沢・小池，1992）．一方，水位の上昇・下降に関して，マナウス港におけるネグロ川の水位の最大値と最小値の差は年間約10 mに達するという（肥田，1993）．このように，ネグロ川の水位の季節変化は大きいため，マナウス港の桟橋はみな浮き桟橋になっている（図5.4）．また，ネグロ川の水位は年による違いも大きく，マナウ

図 5.1 アマゾン川の主な水系

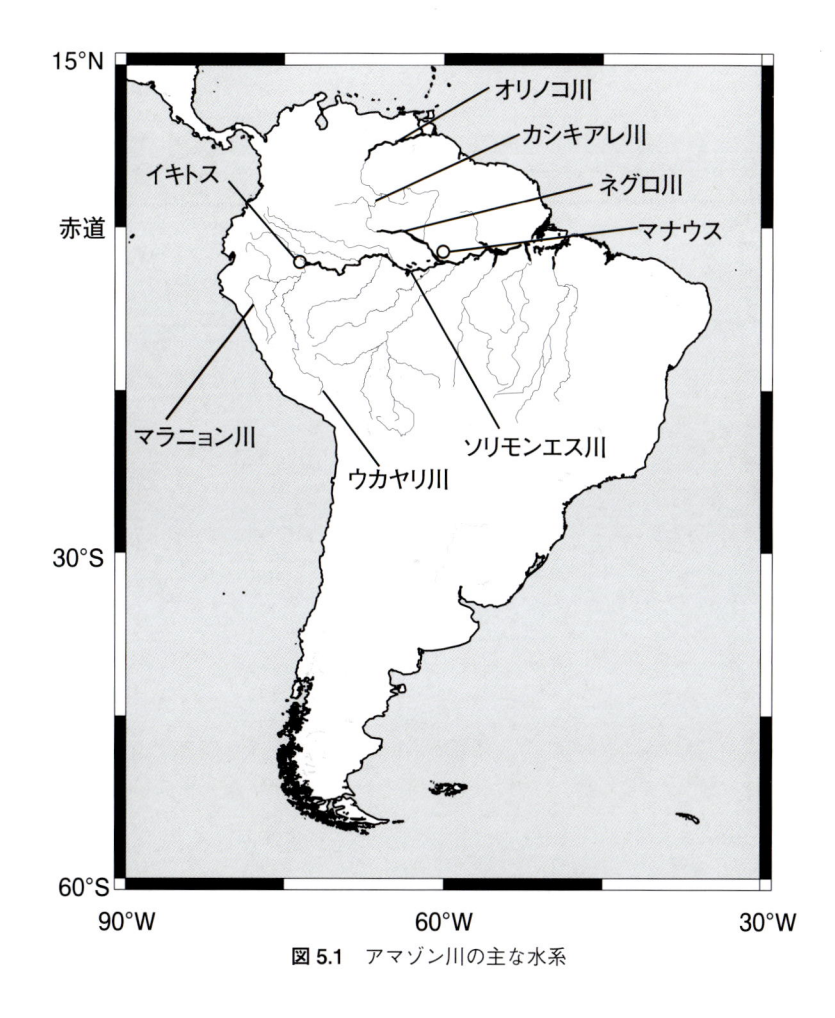

ス港の岸壁には各年の最高水位が刻まれているが（図5.5），年による水位の違いよりも水位の季節変化の方が大きい．

　図5.2の上と下の方に白く見えるのは積雲または積乱雲である．時岡ほか（1993）によれば，これら個々の積雲や積乱雲の発生や移動を予測することは，遠い将来にも困難だろうという．なぜなら，これらの雲は大きさがせいぜい数km，寿命がせいぜい数時間と小スケールの現象だからである．しかしながら，積乱雲の下ではスコールが生じることがあり，局地的な降雨の様子は遠くから見ても分かるほどである（図5.6）．このように流域で生じている活発な水循環が，図5.2に示したアマゾンの熱帯林を育み，土砂生産を促していると言える．

■ 文 献

肥田 登（1993）：ブラジル点描 アマゾン河の水位変動．地理，38(8)，92-98．
国立天文台編（2005）：理科年表 平成18年，丸善，1022p．
Matsuyama, H. and Masuda, K. (1997): Estimates of continental-scale soil wetness and comparison with the soil moisture data of Mintz and Serafini. *Climate Dynamics*, 13 : 681-689.
西沢利栄（2005）：アマゾンで地球環境を考える，岩波書店，178p．
西沢利栄，小池洋一（1992）：アマゾン 生態と開発，岩波書店，221p．
時岡達志，山岬正紀，佐藤信夫（1993）：気象の数値シミュレーション，東京大学出版会，247p．

図5.2 マナウス付近のASTER画像（2000.7.16）

図5.4 マナウス港の浮き桟橋（撮影：松山 洋）

図5.5 マナウス港に刻まれた各年の最大水位の痕跡（撮影：松山 洋）

約4 m

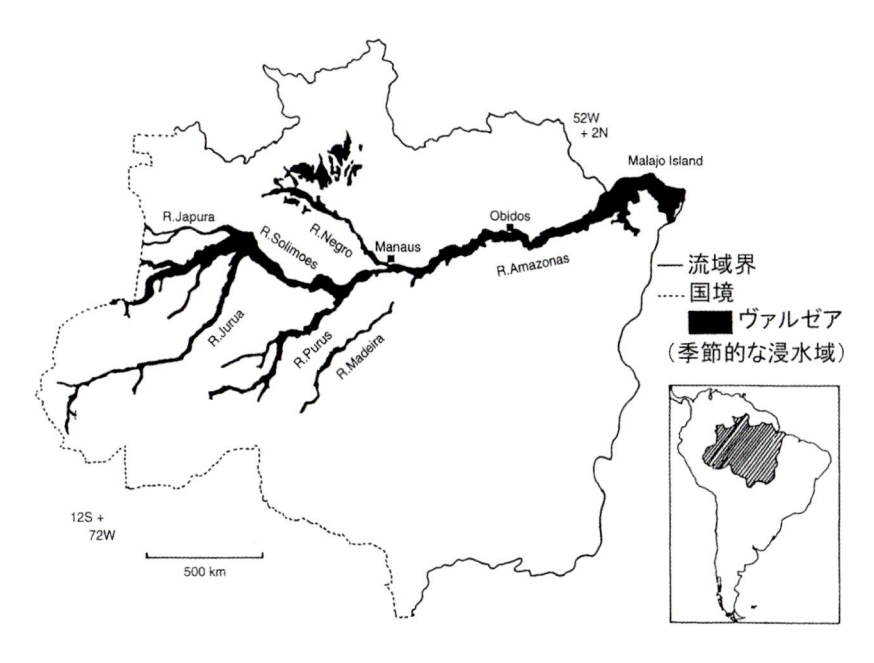

図 5.3 ブラジル国内のアマゾン川流域における季節的な浸水域（ヴァルゼア）の分布
（Matsuyama and Masuda, 1997 の Fig.3 を一部改変）

図 5.6 アマゾン川でみられるスコールの例（イキトス付近にて．撮影：松山 洋）

6 ベーリング氷河
——世界最大の山岳氷河

　北米大陸の北西部に位置するランゲル・セントエライアス（Wrangell - St.Elias）国立公園はアメリカ合衆国最大の国立公園である．海岸沿いのチュガチ（Chugach）山脈とその内陸側のランゲル・セントエライアス山脈の合流する付近には，北米でも有数の高峰が林立する．標高5,000 m を超すこれらの山々には，アラスカ湾から水蒸気がもたらされ，年間を通した大量の降雪によって巨大な氷河群が育まれている．

　全長191 km，面積5,173 km^2 のベーリング氷河（Bering Glacier）は，この地域に発達する最大の氷河であり，南極と北極を除くと，地球上で最大の山岳氷河でもある．流域の最高所はランゲル・セントエライアス山脈の最高峰ローガン山（Mount Logan: 5,959 m）にあり，隣のチュガチ山脈をも覆った氷河は，溢流してアラスカ湾に臨む低地に広大な氷河末端を延ばしている（図6.1）．

　氷河は，通年にわたって雪が降り積もる涵養域と，夏期に融解が卓越する消耗域の二つの領域をもつ．夏期の衛星画像では，これらの二つの領域が明瞭に区分できる．涵養域では積雪が卓越し，消耗域では水を含む裸氷が卓越するため，水の存在が可視・近赤外領域の反射を大きく変えるためである．図6.1のASTER画像はベーリング氷河のほぼ全域を示すものであるが，白く見える領域が涵養域，灰色に見える領域が消耗域に相当する．消耗域の黒い部分はモレーンと呼ばれる岩屑に覆われたところ，画像下の黒い部分はアラスカ湾の海面である．氷河は，涵養域で過剰になった雪と氷が重力によってゆっくりと流れ下り，消耗域で融けることによって，毎年ほぼ一定の形を保つ．その形状が変化するのは，後述する気候変動や氷河自体の力学的不安定性によっている．

　白く見えるベーリング氷河の涵養域は，バグリー氷原（Bagley Icefield）と呼ばれる広大な雪原である（図6.2）．バグリー氷原はチュガチ山脈の山頂部を埋め尽くす巨大な氷原であり，氷の厚さはところによって1,000 m を超えると言われている．氷原から頭を出す山々を見ていると，氷期の地球上の景色はこのようなものであったのだろうかと思わせる．

　ベーリング氷河の涵養域の中でも標高の高い地点では，毎年毎年雪が降り積もり，寒冷な気候によって融けずに保存される．それゆえ，氷河の表面から深部に向かって円柱状の氷試料を掘削し，その物理・化学的な分析を行うことにより，この地域の古気候や古環境情報を復元することができる．2002年には，日本・カナダ・アメリカの三か国合同隊が，ベーリング氷河の最高所であるローガン山付近の三地点において氷試料を掘削した（図6.3）（Fisher *et al*., 2004）．

　ベーリング氷河の消耗域に目を転じると，画像左下の氷河末端付近では白色と黒の模様が蛇のようにぐにゃぐにゃに褶曲している様子が図6.1から見て取れる．通常の氷河では，モレーンが規則正しく流動方向に沿って堆積しているが（図6.4），ベーリング氷河にはそのような傾向は見られない．これはベーリング氷河のサージによって引き起こされた氷の変形の結果である．サージとは，氷河が突発的に前進する現象を言い，気候変動とは無関係に生じると考えられている．その原因としては，氷河の内部における氷の温度変化や，氷河の底面に存在する水が引き起こす氷河流動速度の突発的な変化が挙げら

ベーリング氷河──世界最大の山岳氷河 **25**

図6.1 ベーリング氷河の ASTER 画像（2004.8.10）

図 6.2 ベーリング氷河の涵養域であるバグリー氷原（撮影：白岩孝行）
南米パタゴニアの南北氷原と並んで，世界最大規模を誇る氷原である．

れる．サージが始まると，氷河は通常の流動速度の 10 倍から 100 倍の速度で前進を始め，その後，急速に融解して厚さを減じ，後退に転じる．ベーリング氷河の場合，おおよそ 20 年ごとにサージが繰り返し起こっており，最新のサージは 1993 年から 1995 年にかけて発生した（Molnia, 2008）．

　ベーリング氷河は，近年，気候変動によって急速にその厚さを減じている．飛行機に搭載したレーザー高度計を用いて測定した結果によると，1995〜2001 年にかけて 3.1±0.04 m/ 年の速度で毎年氷河が薄くなっている．山岳氷河の融解は，海面変動に直結し，ある試算によると，アラスカの氷河の融解だけで，毎年 0.27±0.10 mm/ 年（1995〜2001 年の平均値）の速度で海面を上昇させている（Arendt et al., 2002）．

■ 文　献

Arendt, A.A., Echelmeyer, K.A., Harrison, W.D., Lingle, C.S. and Valentine, V.B. (2002)：Rapid wastage of Alaska Glaciers and their contribution to rising sea level. *Science*, 297, 382-386.

Fisher, D. A. and 20 others (2004)：Stable isotope records from Mount Logan, Eclipse ice cores and nearby Jellybean Lake, water cycle of the Northern Pacific over 2000 years and over five vertical kilometers: sudden shifts and tropical connections. *Geographie physique et Quaternaire*, 58, 337-352.

Molnia, B. (2008)：Glaciers of Alaska. Williams, Jr., R.S. and Ferrigno, J.G. (eds.) *Satellite Image Atlas of the Glaciers of the World.* USGS Professional Paper 1386-K, 554p.

図 6.3 ベーリング氷河の最高所に位置するローガン山における日米加合同隊による氷コア掘削現場．背後の山はローガン山の衛星峰キングピーク（King Peak: 5,173m）．（撮影：白岩孝行）

図 6.4 ローガン山の北東に流下するカスカウルシュ (Kaskawulsh) 氷河の中央モレーン群（撮影：白岩孝行）．支流と支流の合流点で1本のモレーン列が形成され，下流にいくほど合流する支流が増えるためにモレーン列が増えていく．ベーリング氷河のように，サージが起こるとこのようなきれいな配列は乱されてしまう．

7 ソグネフィヨルド
――全長 200km・最深部 1.3km の最長フィヨルド

　地球上でもっとも長いフィヨルド（峡湾）として知られるソグネフィヨルドは，ノルウェー南部，ヨトゥンヘイム山地にある．フィヨルドは，山地を削って流れ出る谷氷河の侵食によってできた深いU字谷に，氷河が融けたあと海水が入り込んでできた地形であり，スカンジナヴィア半島やニュージーランド南島などに典型的に発達している．ソグネフィヨルドは全長 200 km 以上，その最深部は 1,308 m もある．このように長くて深い谷がつくられたのは，それを削った谷氷河の厚さが大きかったことを意味している．

　ASTER 画像（図 7.1）からも，また，図 7.2 からもわかるように，ソグネフィヨルドのまわりのヨトゥンヘイム山地には，フィエルと呼ばれる広大でゆるやかな高原が広がっている．今から約 1 万年前に終わった氷河期には，ここに厚さが 3,000 m を超えるような，氷床と呼ばれる巨大な氷河ができ，それがすでにあった谷に流れ込んでその谷を押し広げ，また底を深く削って，フィヨルドをつくりあげたのである．

　オスロからベルゲンに通じる鉄道を，まだフィエルの高原上にあるミュルダール駅で下車し，そこからフロム（図 7.1 右下方）に下っていく支線に乗り換えると，通常の路線では世界でもっとも急勾配ともいわれる下りで，鉄道はフィヨルド航路のフェリー乗場まで降りていく．

　最深部は，湾口から約 90 km のところにあり，ここから上流にはずっと深い谷が続く．図 7.3 は，フィヨルドをいくフェリーの上から撮影したものである．フィヨルドの両岸には高く切り立ったU字谷の谷壁が続く．海面からの高さは 1,000 m 以上もある．しかし，この海面の下には，まだ 1,000 m を超える深い谷がある．つまり，全体では 2,000 m 近い厚さをもった巨大な谷氷河が，ソグネフィヨルドを削ったことになる．

　図 7.4 は，ソグネフィヨルドの最上流部の地形図であり，高原状のフィエルから，氷河が削った急な谷壁がいきなり海に落ち込んで，そこからフィヨルドが始まっていることを示している．

　逆に，湾口から 40 km あたりまでの水深はせいぜい 400 m 程度であり，最も浅い部分は 100 m に満たない．このような特異な地形は，フィヨルドが氷河の侵食によってできたことをよく物語っている．すなわち，上流からは，本流だけでなく支流からも氷河が流入するのでそのたびに氷河が厚みを増し，谷が深く掘られていく．それが最大に達したのが，湾口から 90 km あたり，ということになる．

　一方，氷河期には，世界中の氷河が拡大し，とくに，現在は大きな氷河のない北ヨーロッパにはスカンジナヴィア氷床が，カナダ全域とアメリカ合衆国の北部を含む北米大陸の広い部分にはローレンタイド氷床とよばれる巨大な氷河が広がっていた．それぞれの氷床の体積は，現在の南極氷床に匹敵するほどであり，このため地球上の海水は，蒸発するだけで海にもどってくる水分が減ったため，世界の海面は約 100 m ほど低下していた．しかし，それはわずか 100 m である．フィヨルドでは，氷河の侵食で 1,000 m 以上も海底が削られたことになる．もちろん，氷河は海水を押しのけて前進したはずである．

　しかし，標高が低くなれば，当然，気温も高くなっていくので次第に氷河は融けていく．また，海水

ソグネフィヨルド──全長200km・最深部1.3kmの最長フィヨルド　**29**

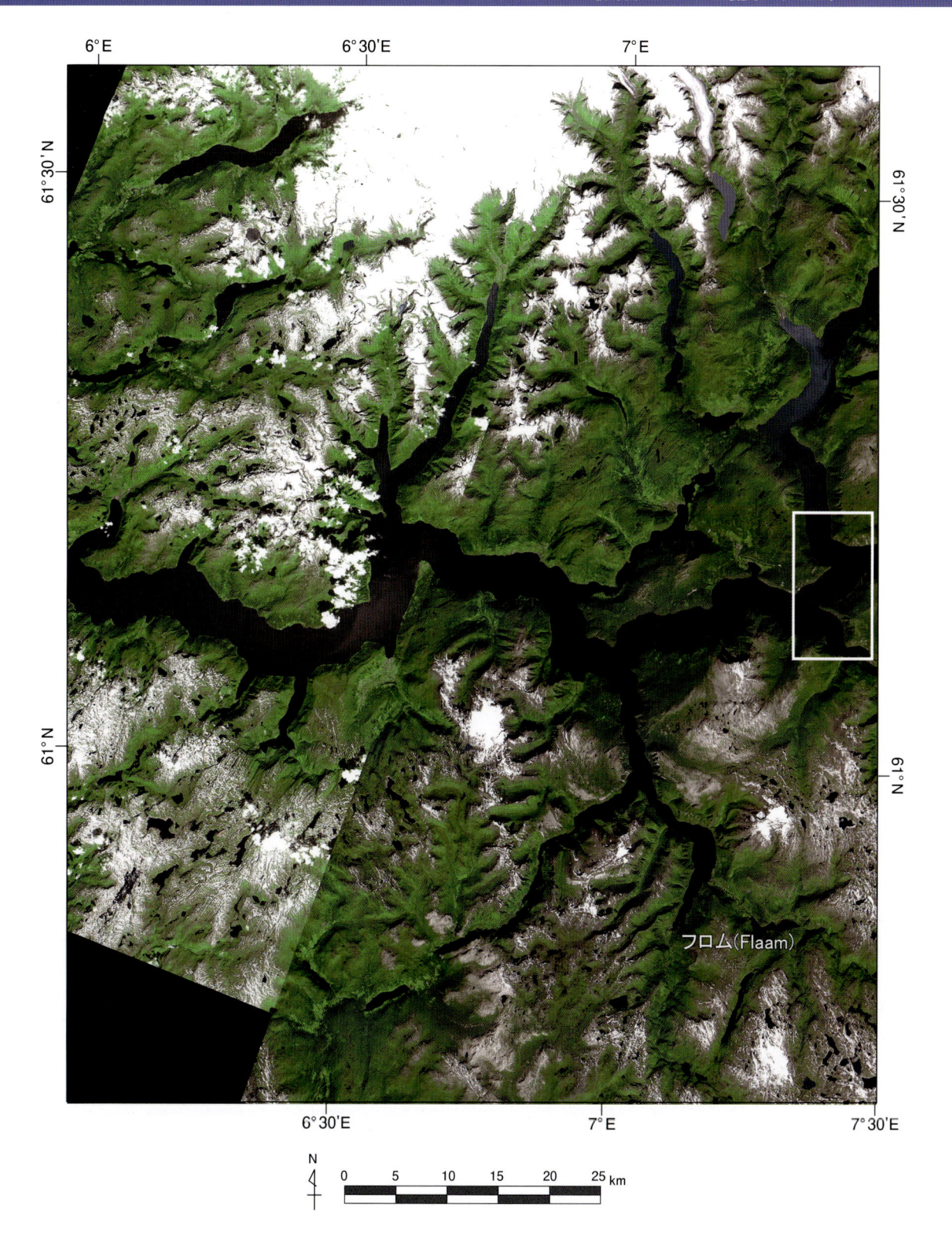

図 7.1　ソグネフィヨルドの ASTER 画像（2004.8.10, 2003.7.5）
白枠は図 7.4 の範囲を示す．

は0℃であり，海水と接していれば，そこでも氷河は融かされる．こうして，氷河は末端で急速に融解する．とくに海と接しているところでは，氷河に入ったクレヴァスなどの割れ目からも海水が浸入し，そこから氷河が大きな塊となって一気に壊れ，氷山となって海に流れ出すことが知られている．これをカーヴィングと呼んでいる．

ソグネフィヨルドでも同様のことが起きたはずである．こうして，氷河は急激に融解・崩壊して，消滅したのである．最深部を過ぎると海底が急に浅くなるのは，このようにして，氷河の厚さが急速に減少したためと考えられている．

図7.2 ヨトゥンヘイム山地のフィエルと呼ばれる広大な高原状の地形（現在はわずかな氷河しかないが，氷河期にはここを巨大な氷床が覆っていた）（撮影：小野有五）

図7.3 ソグネフィヨルドの中から上流側を見た景観（撮影：小野有五）

図7.4 ソグネフィヨルド最上流部の地形図
（Norges geografiske oppmåling 1985年発行．5万分の1地形図，LÆRDALSØYRI図幅の約半分を示す．）

■ 文 献

藤井理行，上田　豊，伏見碩二，小野有五編(1997)：氷河(基礎雪氷学講座)，古今書院

町田　貞他編(1981)：地形学特典，二宮書店

8 ヒマラヤの氷河湖
——決壊洪水 GLOF の爪痕

　ブータン，ネパールといった，世界の屋根と呼ばれるヒマラヤ山脈の麓の国々では，氷河の縮退にともなって拡大した氷河湖の決壊洪水（Glacial Lake Outburst Flood: GLOF）が，現在切迫した環境問題となっている．ヒマラヤにおける GLOF は 1960 年代から頻発しており，河川沿いに大きな被害が出ている．図 8.1 はブータンヒマラヤ・ルナナ地方の ASTER 画像であるが，1994 年 10 月に右端のルゲ氷河湖から発した GLOF の爪痕が明瞭に見て取れる．ルナナ地方にはこのルゲ氷河湖の他にもラフストレン氷河湖があり，上記 GLOF の後にインドの援助によって水位低減の工事が行われた．また，両氷河湖に挟まれるトルトミ氷河上には多くの池が拡大しつつあり，巨大な氷河湖への発達が危惧されている．図 8.2 はラフストレン氷河湖の対岸の丘からの現地のパノラマである．氷河が大地を削り，せめぎ合っている様子がわかる．

　図 8.3 は，1998 年に発生したもっとも最近の GLOF であるサバイ氷河湖周辺の ASTER 画像および 1974 年 12 月と 2007 年 11 月に空撮された写真である．ASTER 画像からは GLOF によって削られた流域の様子がわかる．また，空撮された写真の比較から，決壊した場所と決壊によって水位が低下した様子が見て取れる．サバイ氷河湖や 1985 年に決壊したディグ氷河湖は比較的規模の小さい氷河湖にもかかわらず，流域に深刻な被害をもたらしている．

　近年の氷河湖の拡大は，地球温暖化とともに語られることが多いが，湖を堰き止めている土砂堆積物（モレーン）は，小氷期と呼ばれる 15 ～ 19 世紀中頃にかけての寒冷な時期に拡大した氷河によって運ばれてきたものである．インド測量局作製の地図や衛星画像の解析により，多くの氷河湖は 1960 年代頃から拡大し始め，湖ができた後はその拡大速度がほぼ一定であることが知られている（Ageta *et al*., 2000; Komori *et al*., 2004）．したがって，氷河湖の多くは 20 世紀前半の温暖化によってその発生が決定づけられており，1980 年代以降のそれをいわゆる地球温暖化と呼ぶのであれば，それが氷河湖形成の直接の引き金になっているとは言いがたい．

　氷河湖は，比較的規模が大きく，その下流部をデブリと呼ばれる岩屑に覆われている氷河の末端にできている．デブリの厚さが数 cm と薄い場合には，日射が吸収されやすくなるために氷の融解が促進されるが，10 cm 以上ともなると断熱材として熱の伝導を妨げるため，厚いデブリに覆われた氷はきわめてゆっくり融けることになる．氷河湖の発達には，氷の融解に影響するデブリの厚さ分布が関係していると考えられるが，実際には，デブリの分布はきわめて不均質で，その起伏も激しい．デブリには時には家ほどの大きさの岩が含まれており，その厚さを現地で実測するのは実質的に不可能である（図 8.4 ～ 8.6）．このため，デブリの厚さと熱伝導率を 1 つの値として扱うパラメータを熱抵抗値として定義し，これを衛星データから求める試みがなされている（Suzuki *et al*., 2007）．一方，氷河湖の形成には氷河の流動速度の分布が影響しているとの考えから，合成開口レーダによるインターフェロメトリ技術を用い，デブリ域の流動場を求める試みも行われており（Quincey *et al*., 2007），今後，両者をあわせて評価を行っていくことが期待されている．

■ 文　献

Ageta, Y., Iwata, S., Yabuki, H., Naito, N., Sakai, A., Narama, C. and Karma (2000) : Expansion of glacier lakes in recent decades in the Bhutan Himalayas. International Association of Hydrological Sciences, Publication No. 264 (Symposium at Seattle 2000 - Debris-covered glacier), 165-175.

Komori, J., Gurung, D.R., Iwata, S. and Yabuki, H. (2004) : Variation and lake expansion of Chubda Glacier, Bhutan Himalayas, during the last 35 years. *Bulletin of Glaciological Research*, 21, 49-55.

中尾正義編（2007）：ヒマラヤと地球温暖化－消えゆく氷河，昭和堂，159p.

Suzuki, R., Fujita, K. and Ageta, Y. (2007) : Spatial distribution of thermal properties on debris-covered glaciers in the Himalayas derived from ASTER data. *Bulletin of Glaciological Research*, 24, 13-22.

Quincey, D.J., Richardson, S.D., Luckman, A., Lucas, R.M., Reynolds, J.M., Hambrey, M.J. and Glasser, N.F. (2007) : Early recognition of glacial lake hazards in the Himalaya using remote sensing datasets. *Global and Planetary Change*, 56, 137-152.

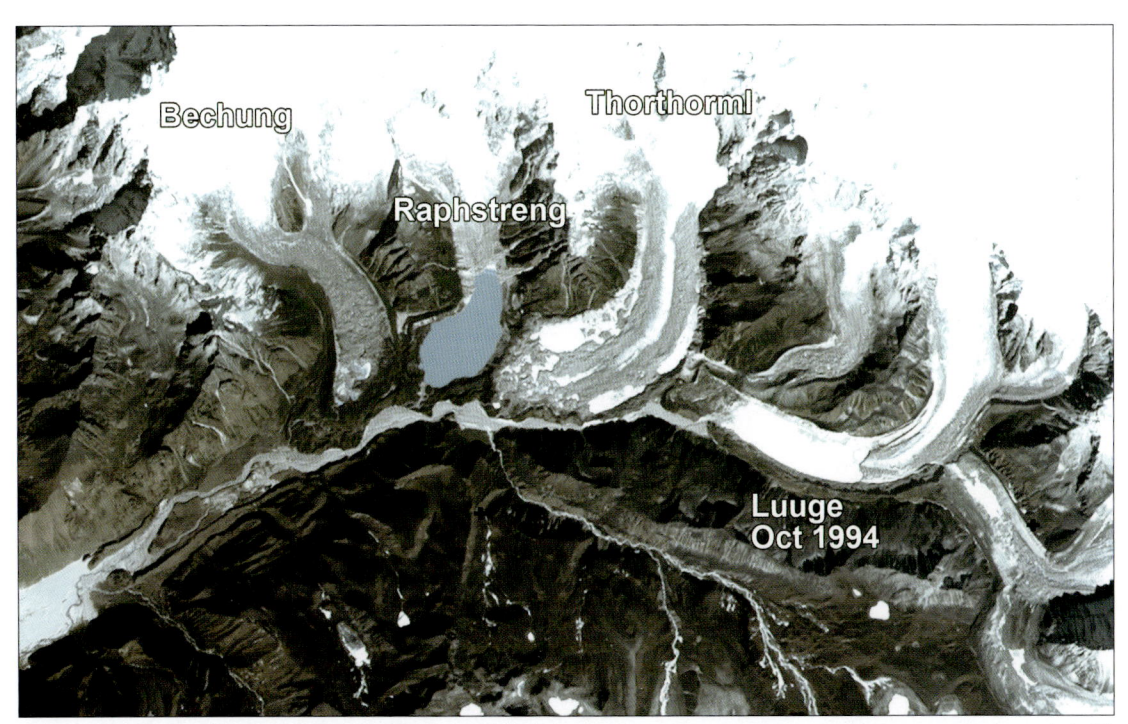

図8.1　ブータンヒマラヤ・ルナナ地方のASTER鳥瞰画像（2006.2.1，2007.1.19，2007.11.26，2008.1.6の8シーンを合成）氷河と氷河湖がひしめき合っている．

図8.2 ラフストレン氷河湖の対面からのパノラマ（2004.10）（撮影：藤田耕史）
左から順に，ベチュン氷河，ラフストレン氷河（湖），トルトミ氷河．

図8.3 サバイ氷河湖からのGLOF跡のASTER画像と1974年12月と2007年11月の空撮写真（撮影：藤田耕史（左右），中央は名古屋大学・日本雪氷学会による）
2007年の写真の後方には，雲がたなびくエベレストが写っている．

図8.4 クンブ氷河下流域のパノラマ．正面の尖った山はヌプツェ（撮影：藤田耕史）
その左がエベレスト．氷河は左から右に向かって流下している（2007.10）．

図 8.5　クンブ氷河のデブリ域の近影（2007.10）（撮影：藤田耕史）

図 8.6　ブータン・トルトミ氷河上のデブリの様子（2004.10）（撮影：藤田耕史）

II

悠久の大陸地形

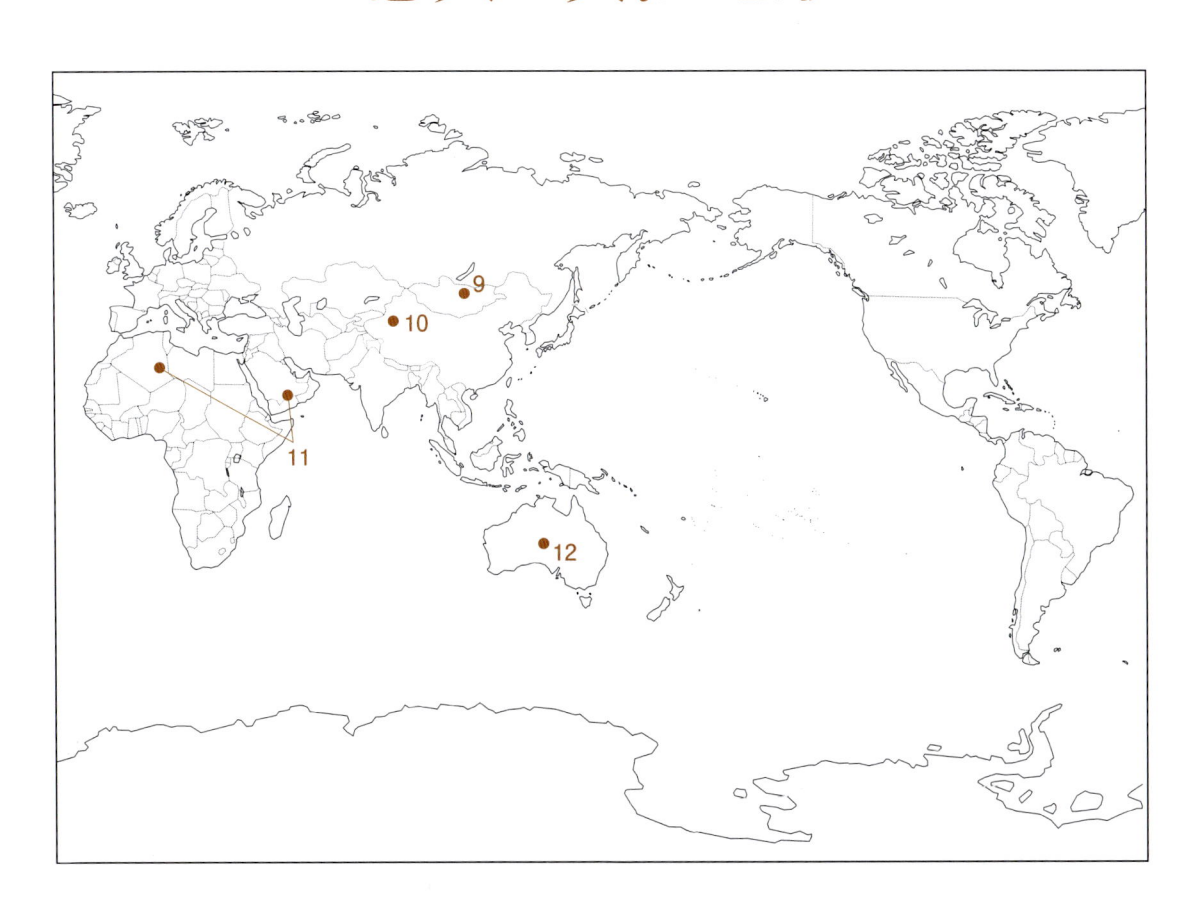

9 モンゴル・ウランバートル
——大陸の盆地の都

　モンゴルは中央アジアの内陸国で，北はロシア，南は中国と接する．緯度は北緯42度から52度の範囲にわたる．これは，日本や周辺を例にすると，南は青森，北はサハリン北部がその緯度にあたる．面積は156万km^{2}と日本の約4倍，東西方向が南北方向の2倍弱で，東西にやや伸びた国の形をなしている．

　国の西部には，モンゴルアルタイ山脈が北西端から南東方向に650 kmにわたり伸びている．3,000〜4,000 m級の山々や峡谷，それに氷河が存在する．国土の中央部北寄りには，ハンガイ・ヘンティ山地が広がっている．山々は3,000 m前後になるものであるが，麓も全体に標高が高いため，概してなだらかな高原となっている．山地南部から東にかけて低地となる．ことに南部一帯はゴビ砂漠が広く発達している（⇨ 11. 砂漠）．

　河川はモンゴル中央の北部ではバイカル湖を経て北極海へ，モンゴル北東部は太平洋へ，そのほかの国土の半分以上の地域の河川は，中央アジアの盆地へ注ぎ消滅する．湖の大きなものは，西部や北部の山間部に存し，そのうちもっとも大きく深い湖は，フブスゴル湖でモンゴル北部のセレンゲ川の水源となっている．

　このようなモンゴルの首都ウランバートルは，国の中心よりやや東寄りに位置し，ヘンティ山地の南西部にあたり，四方を山に囲まれた盆地である（図9.1〜3）．このため，平原の烈風が遮られ，冬の厳しい時期にも風は比較的弱く，この極寒の地でも住むのには好都合で大都市に発展した．ウランバートルは，歴史的には，活仏ジェブツンダンバ・ホトクトの住居として発達した．ホトクトは当初季節移動を行う遊牧生活を送っていたが，19世紀半ばに移動生活をやめ，現在のウランバートルに寺院を設け定住するようになった．門前町が形成され，人が集まるようになり発展した．宇宙航空研究開発機構によるとウランバートルの人口は2005年の統計で69万人となっているが，地方から市の周辺に移り住んでいる者を加えると100万人近くになっているらしい．これは実に同国の人口約280万人の3分の1を越える人口が首都に集中していることになる．標高1,500 m前後のウランバートルの気候は，雨量が少なく乾燥した典型的な大陸性で，日中と夜間の気温差，冬季と夏季の気温差が大きい．7〜8月の夏の日中の気温は40 ℃近くになることがあり，11〜4月の寒くて長い冬には，−40 ℃を下回ることもある．年間の晴天日が約250日もある．

　ASTER画像（図9.1）の中央は，ボクドハーン山（あるいはボクド山）で標高2,265 mである．一帯は森林が発達しているため，画像では緑色が強調されている．ボクド山の山頂およびその周囲は，中生代の花崗岩からなり（図9.5），北側のウランバートル側には，古生代の堆積岩が分布している．

　図9.1で，ボクド山の北を通り，南西に延びる黒い線はトーラ川である．ウランバートル市街はボクド山の北側のトーラ川のほとりに広がっている．北側は，チンゲルティ山など，ヘンティ山地の延長部にあたる．衛星画像には，ウランバートル南西部に空港の滑走路が明瞭に写っている．

　モンゴルの森林は，主として山地の北側斜面にあるが，これは，乾燥し日射量の多いこの国では，日

モンゴル・ウランバートル――大陸の盆地の都　39

図9.1　ウランバートルとその周辺の ASTER 画像（2004.5.19）

の当たる南側斜面には森林ができるほど十分な水分がないためである．ウランバートル市内から眺めると，市内の南は山（ボクド山北側斜面）にうっそうとした森林が広がる．その一方，北の山（チンゲルティ山南側斜面）は木々が生えておらず荒涼としている．衛星画像では山塊の稜線を境に南側は，緑色が淡くなっている．

ウランバートルは盆地にあり，冬の寒風が遮られる利点があった．ところが，最近の急速な人口増加で郊外にゲル（遊牧民の移動式住居）を建てて生活するようになり，暖房用の石炭燃焼で出る煙でスモッグが顕著となっている．

ウランバートルから東へ約50 kmには，テレルジという景勝地がある（図9.2）．ウランバートルからテレルジに入る別れ道の近くの湖の中に小山があり，目を引く．これはピンゴ地形と呼ばれるもので，凍土中で氷が集積したため，地表が隆起したものである（図9.4）．テレルジに向かう途中の，ゴルヒという所では，中生代の花崗岩が広く露出している（図9.6）．これらを含めたウランバートル郊外の地質について，高橋ほか（2004）に見学案内がある．

■ 文　献

Cartographic Enterprise of State Administration of Geodesy and Cartography of Mongolia (1997): Physical Map of Mongolia. Ulaanbaatar.
高橋裕平，N.イチノロフ，S.ジャルガラン，S.ヒシグスレン，J.ハムスレン（2004）：モンゴル国ウランバートル付近の地質見学．地質ニュース，No. 603，12-19．http://www.gsj.jp/Pub/News/pdf/2004/11/04_11_02.pdf
宇宙航空研究開発機構ウェブサイト（盆地にある遊牧民の都：モンゴル，ウランバートル）．http://www.eorc.jaxa.jp/imgdata/topics/2006/tp060421.html

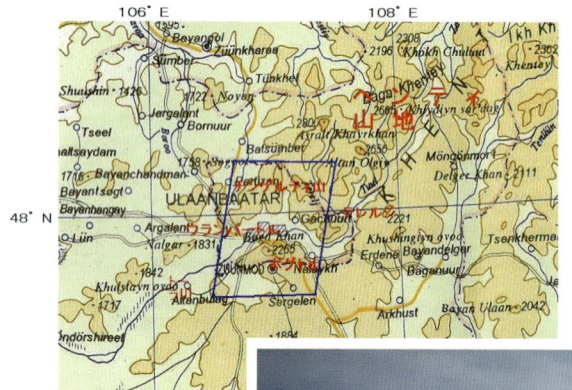

図9.2　ウランバートルとその周辺の地形図．青枠は図9.1の範囲．地図の原図は，Cartographic Enterprize of State Administration of Geodesy and Cartography of Mongolia (1997)．

図9.3　ウランバートル市街（撮影：高橋裕平）

図9.4 ウランバートル郊外のピンゴ地形（撮影：高橋裕平）

図9.5 ボクド山の花崗岩（撮影：高橋裕平）

図9.6 ウランバートル郊外の景勝地ゴルヒ．花崗岩の山塊からなる（撮影：高橋裕平）

10 タリム盆地
——世界最大級の内陸盆地

　タリム盆地は中華人民共和国新疆ウイグル自治区に位置し，その面積は日本を凌駕する 56 万 km² を占める世界で最も大きな内陸盆地のひとつである．この盆地では最大層厚 15,000 m に達する堆積層が知られており，豊富な炭化水素の埋蔵が予想されている．実際 Yiqikelike, Kospakok, Kumager などいくつかの油田が発見されている．タリム盆地の中心にはタクラマカン砂漠が広がっていて植生はほとんど見られないが，北側に位置する天山山脈では植生が急峻な地形を覆っている．タクラマカン砂漠と天山山脈に挟まれる対象地域では，Kuqa（クチャ）川などの河川沿いと，オアシスにのみ植生が見られる．

　ここで対象とするのはタリム盆地の北西部，庫車（Kuqa）沈降の周辺の地形である．Kuqa 沈降はタリム盆地の北縁，天山山脈の南側で下方に沈降している前縁凹地である．南北方向の圧縮応力場が卓越し，多くの褶曲構造が発達している．ここでは，

1) 地域 1：Kuqa から北方に位置し，Kuqa 川に沿って北側の天山山脈に隣接する褶曲群
2) 地域 2：Kuqa の東方に位置する Yiqikelike 油田を擁する Yiqikelike 背斜
3) 地域 3：Kuqa 川の両側東西に延びる Quilitag 背斜

について述べる．3 地域の位置図を図 10.1 に示す．

　1) の領域をカバーする ASTER 画像を図 10.2 に示す．この地域は標高 3,700 m ある天山山脈から 2,200 m 程度の標高の褶曲帯，さらには 1,200 m 程度の標高のタリム盆地へと標高が急激に変化しているのが，ASTER の標高断面図から容易に読み取れる．

　図 10.2 の Kuqa 川周辺の地点 A（N42°14′, E83°14′）は，川を東西に横切る向斜構造の軸部に当たり，そこから東を見た写真が図 10.3 である．この東西に伸びる向斜構造の軸部は，灰白色から薄い赤褐色の泥岩と砂岩からなるジュラ系が卓上の台地を形成している．図 10.3 では地層面が向斜軸に向かって落ち込む様子がよく観察できる．

　図 10.2 の Kuqa 川に沿って南西に 10 km ほど下った地点 B（N42°11′, E83°09′）では，河道の左側に北傾斜の三畳系からジュラ系の層理面の露出が見られる（図 10.4）．この層理面は背斜構造の北翼を形成し，背斜自体は川を越えて西側にプランジしている．

　さらに南下した図 10.2 の地点 C（N42°07′, E83°09′）では，東側には，北に衝上する断層の先端部が見える（図 10.5）．一方西側は急峻な地形で容易にはアクセスできないが，ASTER 画像から大きな向斜構造が読み取れる．この地域の等高線図，鳥瞰図を図 10.6, 10.7 に示す．これらの処理を行う元になった標高データは，ASTER の直下視，後方視データから作成したものである（対ジオイド高の標高として計算している）．また，向斜の部分には地層面が地形とほぼ一致している dip slope があり，その部分がある程度の大きさがある場合は，dip slope の走向，傾斜も計算できる．

　2) の Yiqikelike 背斜を含む画像を図 10.8 に示す．これは，1) の地域の東方約 60 km の地点に東西に約 40 km にわたって伸び，西端では開いた背斜構造である．図 10.9 は，図 10.8 の地点 D（N42°10′, E83°47′）から東を見たもので，背斜軸に向かって地層が高まっている背斜の典型的な形状が読み取れ

る．地点 D は背斜構造のほぼ中央に位置し，河川によって縦断されており，地質構造が明瞭に示される．この地点およびその東側では，北側，南側の地質構造がほぼ対称であり，極隆部には一部ジュラ系が露出し，白亜系の赤色層と灰白色のシルト岩の互層が軸部に沿って露出する．西側では南翼の傾斜が急になり，部分的には転倒背斜となる．

さらに 3) の Quilitag 背斜を含む ASTER 画像を図 10.10 に示す．この背斜構造は，1) の地域の Kuqa 川下流に当たり，Kuqa の北側を東西 250km にわたって延びる Kuqa 沈降では，最も大規模な構造である．図 10.11 は，図 10.10 の地点 E（N41°54′, E83°20′）にあたり，この構造を南北に切る Kuqa 川の峡谷から背斜の西側軸部を見たもので，新第三系の箱形褶曲を見ることができる．

図 10.1 対象地域の位置図

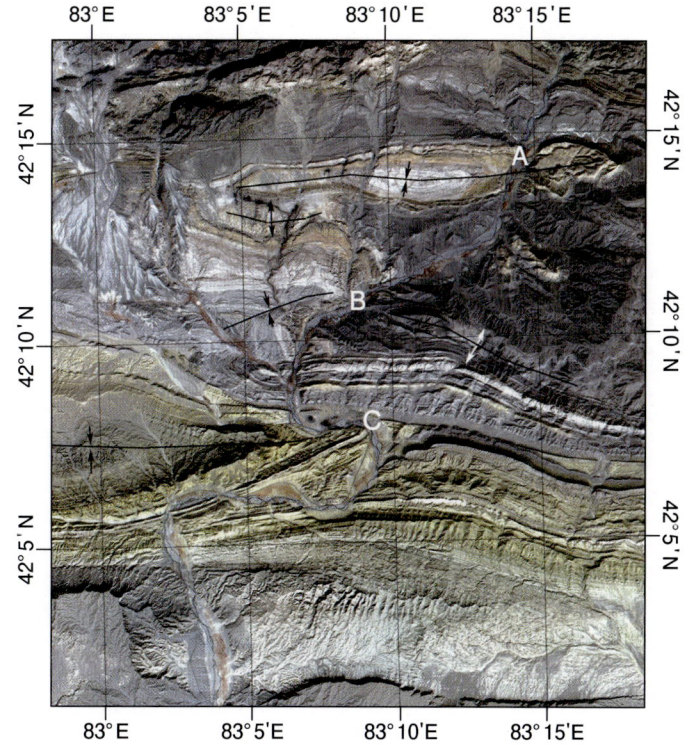

図 10.2 地域 1　Kuqa 川流域付近の ASTER 画像（2001.3.26）

図10.3 地域1 地点A付近から東向きに向斜を望む（提供：地球科学総合研究所）

図10.4 地域1 地点B付近からKuqa川左岸（東側）に見られる背斜を望む（提供：地球科学総合研究所）

図10.5 地域1 地点C付近から東向きに転倒背斜を望む（提供：地球科学総合研究所）

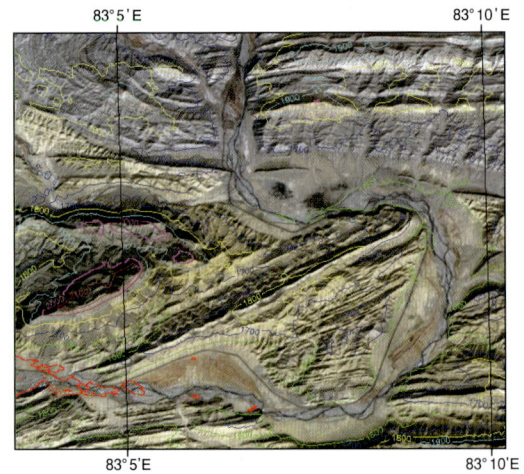

図10.6 地域1 地点C付近の等高線図

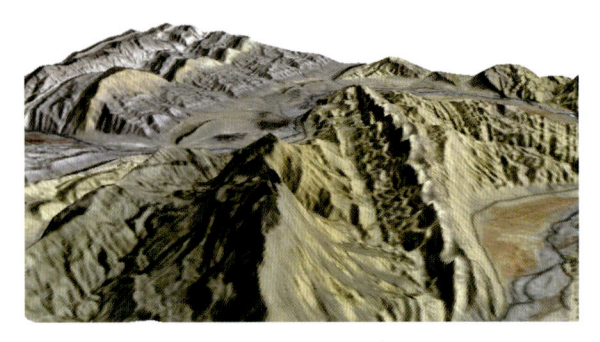

図10.7 地域1 地点C付近のASTER鳥瞰図（2001.3.26）

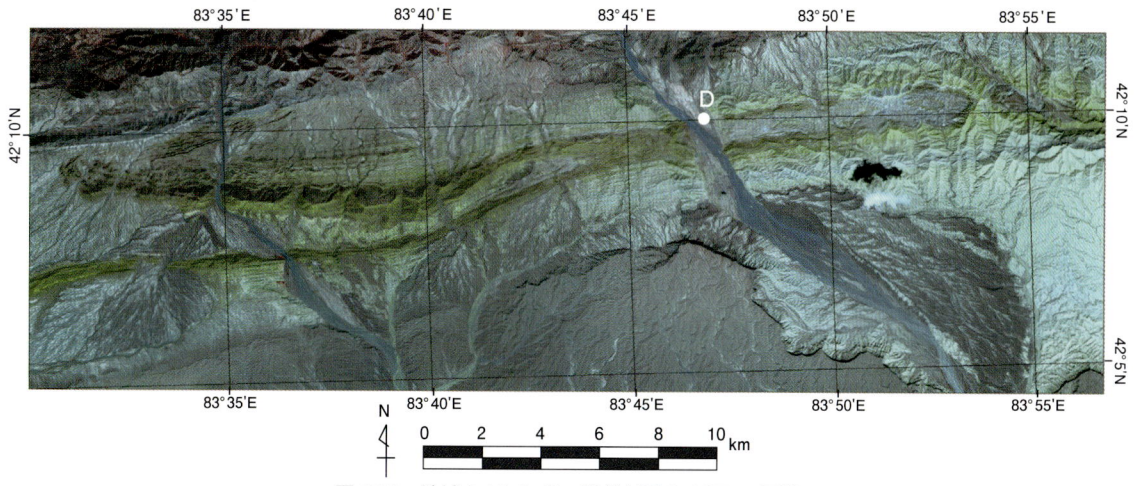

タリム盆地――世界最大級の内陸盆地 **45**

図10.8 地域2 Yiqikelike背斜付近のASTER画像

図10.9 地域2 Yiqikelike背斜の地点D付近から東を望む（提供：地球科学総合研究所）

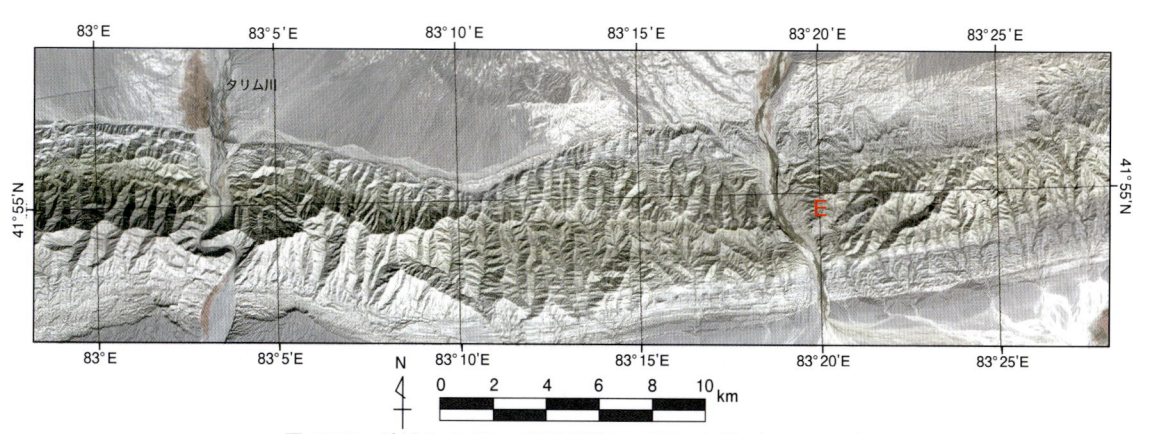

図10.10 地域3 Quilitag背斜付近のASTER画像（2001.3.26）

図10.11 地域3 Quilitag背斜の地点E付近から西側の箱形背斜を望む（提供：地球科学総合研究所）

11 砂　漠
——ルブアルハリ砂漠の大砂丘群

　砂漠は，少ない降雨量，乾燥した気候で植生が少ない，ということで定義されるが，世界の砂漠は4種類に分類される（表11.1）．図11.1は，亜熱帯砂漠に分類されるアラビア半島南部のルブアルハリ砂漠である．ルブアルハリとはアラビア語で空白の区域を意味しているが，砂以外は何もない世界が数百 km 以上も連続する．図11.1A の地域では，波長が1km を超えるような大きなドラー（draa：大砂丘）と呼ばれる波状地形が発達している．北東から吹き付ける強い貿易風によって風向に平行な縦列砂丘群が形成されたものである．このような縦列砂丘は，アフリカやサウジアラビアではセイフ（アラビア語で剣を意味する）と呼ばれる．図11.1B の地域は A の北側に位置する．ここでは，黄色が砂の堆積部分を示すが，それは三日月型の形状をとり，それらが列状に並んでいる．このような形状の砂丘はバルハン砂丘（barchan dune）と呼ばれる．後述するように，この砂丘は砂の供給が少なく，一定方向の風が強く吹くところで形成される．砂丘群の間には青くみえる低地があり，塩分に富むシルトや粘土が堆積している．このような地形はプラヤ（playa）あるいはサブカ（sabkha）と呼ばれる．

　ルブアルハリ砂漠に見られるような広大な砂砂漠はエルグ（erg）と呼ばれることもある．砂砂漠は砂床（sand sheet）と砂丘（dune）とからなる．航空写真や地図で見るエルグは，一見複雑な模様に見えることもあるが，よく見れば規則的な反復があるにすぎない．そしてその大きさにはいくつかの階層性がある．もっとも小さいリップル（ripple）（図11.2）は，2cm〜2m の波長とそれより小さい波高をもち，砂丘表面に形成される．リップルより大きいものは砂丘・デューン（dune）と呼ばれる（図11.3）．デューンは数m〜数百mの波長と高さ1m から100 m 以上のものまであり，その大きさは多様である．この砂丘群は，ドラー（draa）と呼ばれる数百m 以上〜数km の波長と高さ 500 m にもなるようなさらに巨大な地形の上に配列する．したがって，一定の風速と比較的均一な砂粒がある場合には，これら典型的な3つの模様が出現することになる．

　このような各種の地形は，砂床の物質が風によって運搬されることによって形成される．たとえば，砂礫は風を受け，跳躍・転動・滑動し，シルト・粘土は浮遊する（このような空中に浮流する物質がレスや黄砂となる）（図11.4）．砂床物質の動き出す風速は図11.5のように示され，粒径が 0.1 mm ほどの粒子が最も動かされやすい．また，砂は他の砂粒との衝突があると動きやすい．ただし砂粒子の跳躍する高さは1m以内であり，その水平跳躍距離移動は10 m 以下である．

　リップルやデューンの断面形は，風上側（stoss side）が緩傾斜で，風下側に急傾斜な滑落面（slip face）をもつ（図11.3）．たとえばデューンの風上斜面（背面）上を跳躍や転動・滑動で移動した砂はデューンの頂部（峰：crest）から slip face 上部に堆積するが，そこが安息角を超えるほど急になると薄層となって滑り落ちる（avalanche という）．このようなプロセスを繰り返すことによって，リップルやデューンは風下側に徐々に移動する．たとえばリップルは1分間に数 cm の速さで移動することがある．

　一般的にはリップルやデューンの峰（crest）は風向きに対して直交する．これを横列砂丘という．

しかし，砂丘には横列砂丘以外にも，縦列砂丘，バルハン砂丘，星型砂丘など種々の形状がある（図11.6）．砂丘がどのような形態をとるかは，風向きが重要であるが，そのほかに，砂の供給量，風の強さ，植被の程度などが関係する．たとえば，横列砂丘が形成されていた場所で砂の供給が少なくなると，連結バルハン砂丘からバルハン砂丘へと変化する．卓越風向が2方向の場合には，縦列砂丘になりやすく，風向が多様な場合に星型砂丘（図11.7）が形成される．吹抜け砂丘と放物線型砂丘は，植生があることから察せられるように，侵食砂丘である．

■ 文　献
貝塚爽平(1998)：発達史地形学，東京大学出版会，286p.
佐藤　正，千木良雅弘監修(2003)：環境と地質，古今書院，569p.
Mckee, E. D.(1979)：*A study of global sand seas*. USGS Professional Paper, 1052, 429p.
Summerfield, M. A.(1991)：*Global Geomorphology*, Longman Scientific & Technical, 537p.

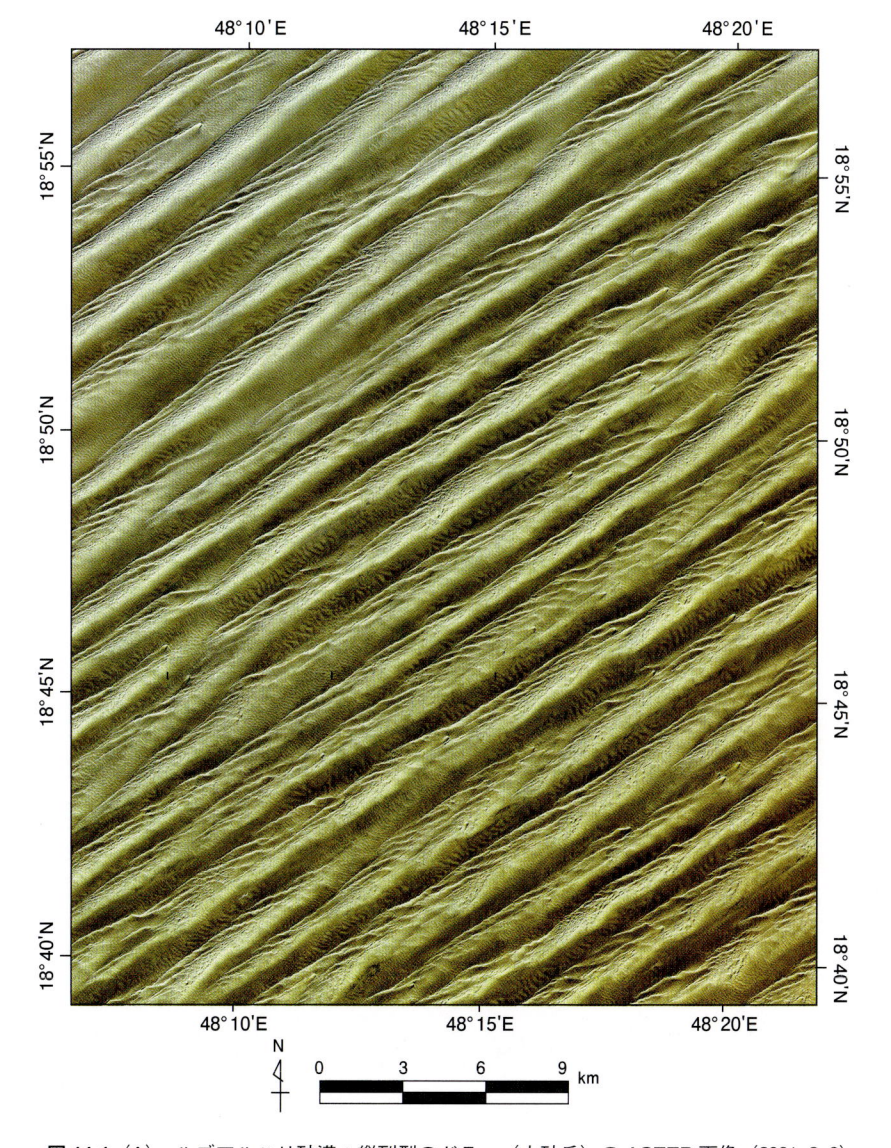

図11.1（A）　ルブアルハリ砂漠：縦列型のドラー（大砂丘）のASTER画像（2001.2.6）

表 11.1 砂漠の分類（佐藤，千木良，2003 をもとに一部改変）

種類	特徴	砂漠の例
極砂漠	南極大陸とグリーランド内陸は大変乾燥しており，たとえ真水が存在したとしても氷と化している．	南極の乾燥谷
亜熱帯砂漠	北緯・南緯 20°〜30°にある乾燥した下降気流地帯にあるもので貿易風砂漠とも呼ばれる．降雨がほとんどなく，昼夜の寒暖の差が大きい．	サハラやアラビア，カラハリ，オーストラリアの砂漠など
中緯度砂漠	大陸内陸部の奥にあり，海洋からの影響を受けない地域に発達する．わずかな降雨と高い気温が特徴．	ゴビやタクラマカン砂漠
海岸砂漠	水温の低い湧昇流が湧き出して海岸部の気温を低下させる中緯度の沿岸部に発達する．	アタカマ，ナミビア砂漠

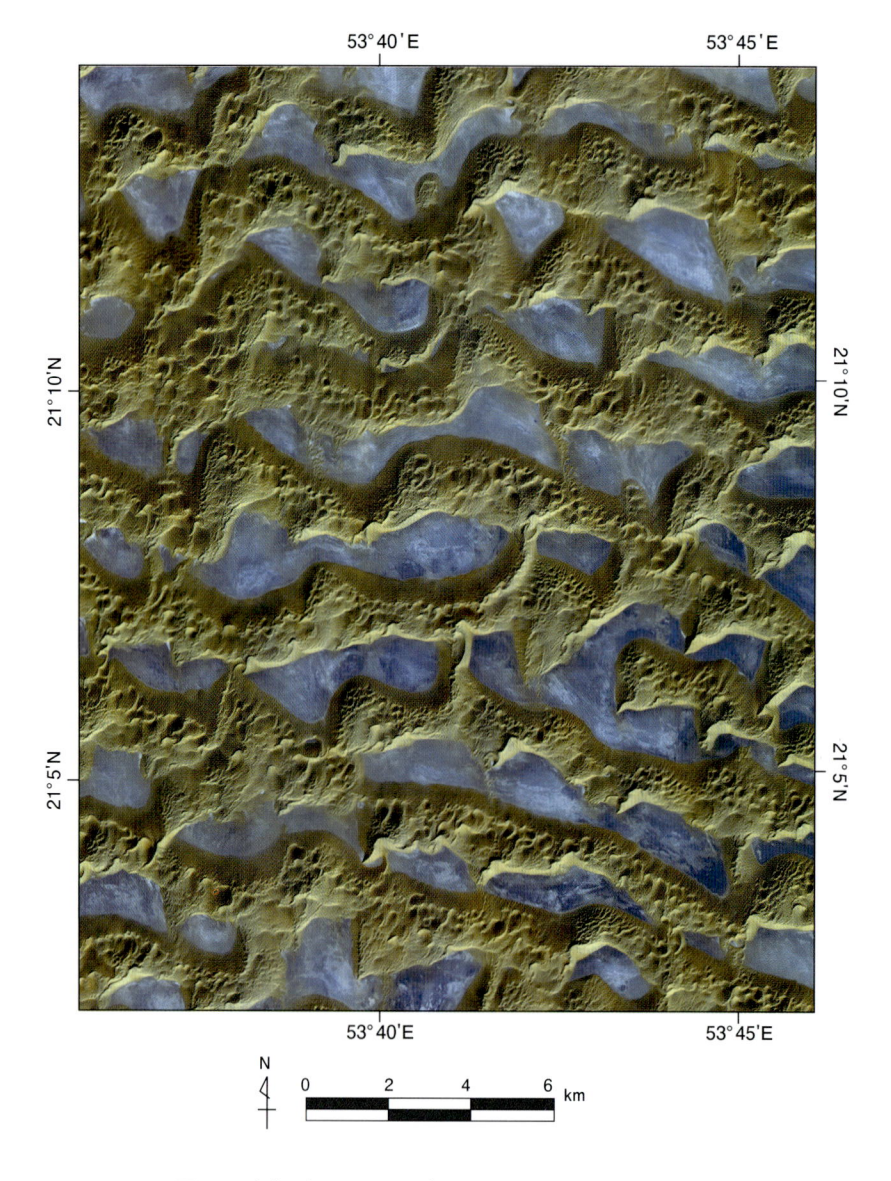

図 11.1 （B）バルハンとサブカの ASTER 画像（2001.2.6）

砂漠──ルブアルハリ砂漠の大砂丘群 49

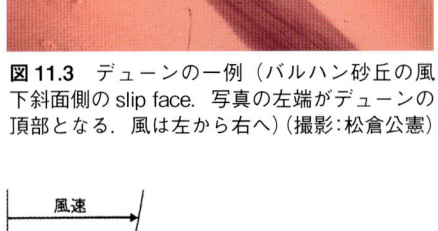

図11.2 リップルの一例（風は右から左）
（撮影：松倉公憲）

図11.3 デューンの一例（バルハン砂丘の風下斜面側のslip face．写真の左端がデューンの頂部となる．風は左から右へ）（撮影：松倉公憲）

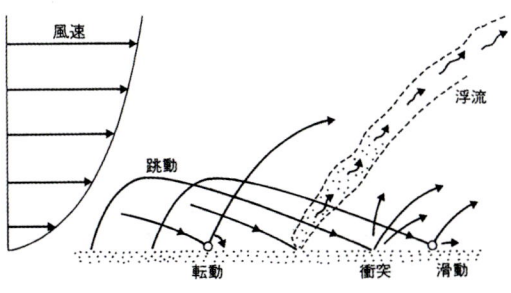

図11.4 風による粒子の運動様式
運動様式と対応する風速の高さ方向の分布．
（貝塚，1998）

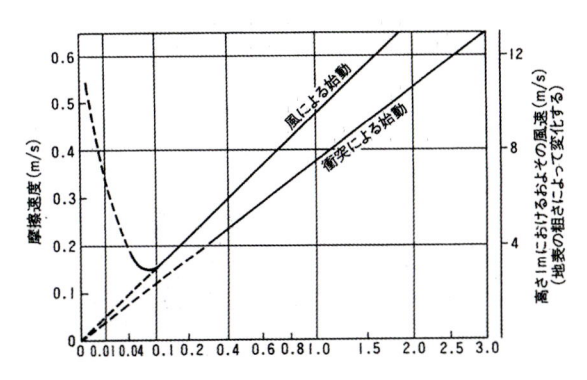

図11.5 始動速度の粒径による違い（貝塚，1998；原図はSummerfield, 1991）

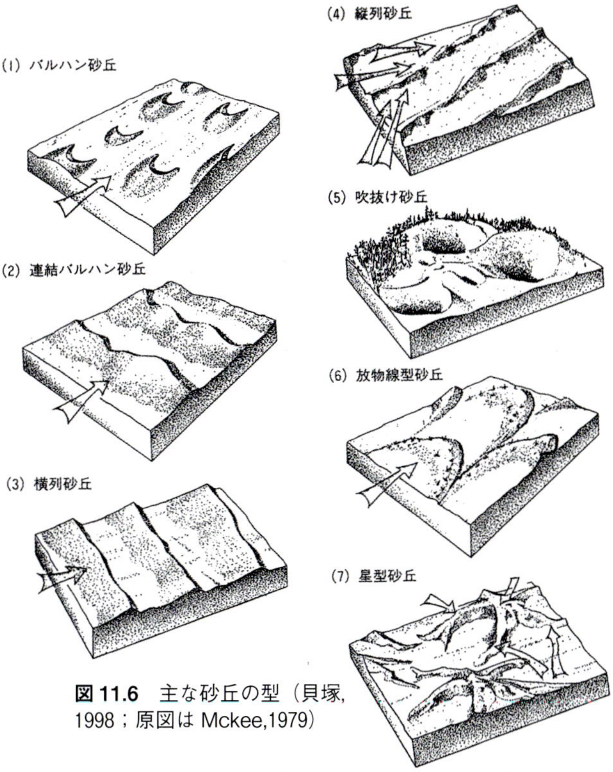

(1) バルハン砂丘
(2) 連結バルハン砂丘
(3) 横列砂丘
(4) 縦列砂丘
(5) 吹抜け砂丘
(6) 放物線型砂丘
(7) 星型砂丘

図11.6 主な砂丘の型（貝塚，1998；原図はMckee, 1979）

図11.7 アフリカ北部チュニジア，リビア，アルジェリア国境付近のグランデルグオリエンタル（東部大砂丘）にみられる星型砂丘のASTER画像（2001.5.15）
砂丘の平均波高は約100 m，広がりは2 kmにおよぶ．

12 エアーズロック（ウルル）
── 砂漠の一枚岩：オーストラリア大陸の臍

　オーストラリアのほぼ中央に位置するエアーズロック（Ayers Rock）は，砂漠の中の一枚岩として有名である．エアーズロックという名前は，1870年代に南オーストラリアを統治していたSir Henry Ayersに由来する．先住民のアボリジニーはこの山をUluru（出会いの場所，あるいは頭脳）と呼んで聖地としてきたので，現在はUluru（ウルル）と表記されている．

　ウルルはオーストラリア中部の砂漠地帯にあるが，サハラ砂漠のような砂ばかりの世界ではなく，砂丘には植生もあり人の生存が可能な環境である．これは年間平均降雨量が330 mm（東京は1,565 mm）という気候と深く関係し，多種の植物が存在する．図12.1で褐色の一枚岩のウルルにへばりつくように分布する緑色の部分には樹木が多く生えている．

　ウルルは周囲約9.4 kmの独立峰で，砂漠面からの高さが348 m（海抜867 m）である．遠くからは赤褐色の小山にしか見えないウルルも，近くで見ると岩肌に縦の筋や凹みが特徴的な山である（図12.4, 12.5）．縦の筋は，ウルルの長石質砂岩層（Uluru Arkose）が差別侵食を受けてできたものである（図12.4, 12.5, 12.6）．光の当たり方によって影が濃くなると，侵食模様が一層明瞭になる．褶曲によってほぼ直立した砂岩層に見られる級化層理や斜層理は，ウルルが時代的に東ほど古く西に向かって新しくなることを示している．ボーリング調査によれば，ウルルの南側の地下には長石質砂岩が存在しないので，山体の南端にNEE方向の断層の存在が指摘されている（Kerle, 1995；図12.2の緑の実線）．ウルル南部のMutitjulu（図12.2 Mutitjulu Walk参照）では，山体にこの断層とほぼ平行な割れ目が見られ，大きな割れ目には木も生えている（図12.7）．

　ウルルの長石質砂岩は粗粒で，カリ長石（主にマイクロクリン）・石英・斜長石の砂粒を多く含む（図12.3）．砂岩の新鮮な部分は灰色であるが，風化した部分は淡褐色で水酸化鉄鉱物やセリサイト化した斜長石が目立つ．砂岩の風化は山の斜面に平行な割れ目（topographic joint）と密接に関係している．この剥がれやすい割れ目のほかに，小さな穴の集まった蜂の巣状構造（honeycomb cave）や横長の大きな凹み（waveform cave）が存在する（Kerle, 1995）．横長の大きな凹み（図12.5, 12.6）は主に山体下部のほぼ一定の高さの場所に集中しているので，昔の水面と関係があるのかもしれない．この地域では夏（12月〜2月）にかなりの降雨があり，山頂から雨水が滝のように流れ落ちることもある．水の侵食によってできた谷とその末端の水たまり（図12.8）は，Mutitjuluで一番よく分かる．この付近には水分の多い場所を好むユーカリも存在する．ウルルで見られる侵食地形や長石質砂岩の風化は，基本的に水によるもので風の影響は少ない．

　ウルルの西方約25 kmのカータジュタ（Kata Tjuta＝人の頭；以前の呼び名はオルガス＝The Olgas）は，36の小さなドームの集合体（図12.9, 12.10）で，最高峰のMt.Olgaは砂漠面から546 m（海抜1,069 m）である．カータジュタを作っている地層は，厚さ約6 kmのカンブリア紀の礫岩層で，花崗岩の円礫を多く含んでいる．一昔前の解釈は，カータジュタの礫岩とウルルの粗粒砂岩は一連の地層で，供給源の近くで堆積した礫岩がカータジュタ，より遠い所で堆積した砂岩がウルルとい

うものであった．最近は，両者は一連の地層ではなく，約5億年前に別個の扇状地堆積物として形成され，その後，約3億年前の地殻変動（Alice Springs Orogeny）で褶曲し，山塊になったと考えられている（Kerle, 1995）．

■ 文 献

Kerle, J.A.(1995): *Uluru - Kata Tjuta & Watarrka – Ayers Rock/the Olgas & Kings Canyon, Northern Territory.* University of New South Wales Press Ltd, 202p.

図12.1 ウールルから西方のカータジュータを望むASTER鳥瞰図（鉛直方向に強調されている）(2004.10.29, 2006.12.20の4シーン合成)
手前がウールルで，北西-南東方向の筋（砂岩の地層面）が顕著．ウールル周辺の緑色部には植物が多い．

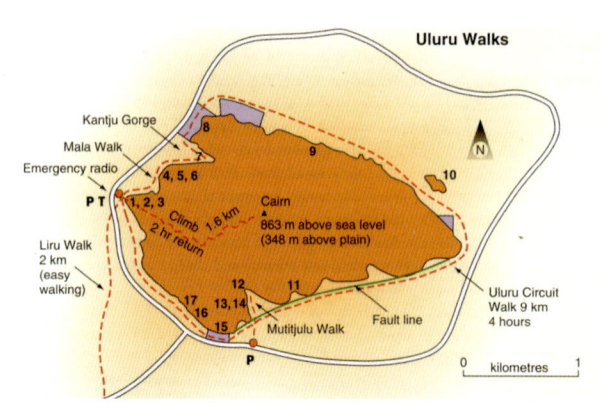

図 12.2　ウールルの見取り図 (Kerle, 1995) 図中の緑色の実線は NEE 方向の推定断層.

図 12.3　カリ長石を多く含む長石質砂岩 (Uluru Arkose) の偏光顕微鏡写真 (X80) (撮影：足立　守)

図 12.4　ヘリコプターで北西から見たウールル (撮影：足立　守)
Uluru Arkose のほぼ垂直な地層面がよく分かる. 谷やその周辺には樹木が多い. (以下の写真も含め 2008 年 1 月撮影)

図 12.5　ほぼ垂直～北東へ急傾斜した砂岩層 (撮影：足立　守) 地層面と直交する小さな谷が, すだれの縦糸のように数多く発達している. 左端に大きな凹みが見られる.

図 12.6　様々なサイズの凹みができている崖 一番大きな凹みは横約 30m. (撮影：足立　守)

図 12.7 ウールル南西の Mutitjulu で見られる大きな割れ目（撮影：足立　守）中央の割れ目には木が生えている．手前の緑の木はユーカリ．

図 12.8 水の侵食によってできた谷と末端の水たまり（Mutitjulu）（撮影：足立　守）

図 12.9 空から見たカータジュータの礫岩層（撮影：足立　守）
緩傾斜の層理とドームがよく分かる．

図 12.10 カータジュータの礫岩ドーム（撮影：足立　守）
右から 2 番目が Mt. Olga（海抜 1,069m）．濃緑の低木はアカシアの仲間で，黄緑色の下草はイネ科のスピニフェックス．

III

変動する地形

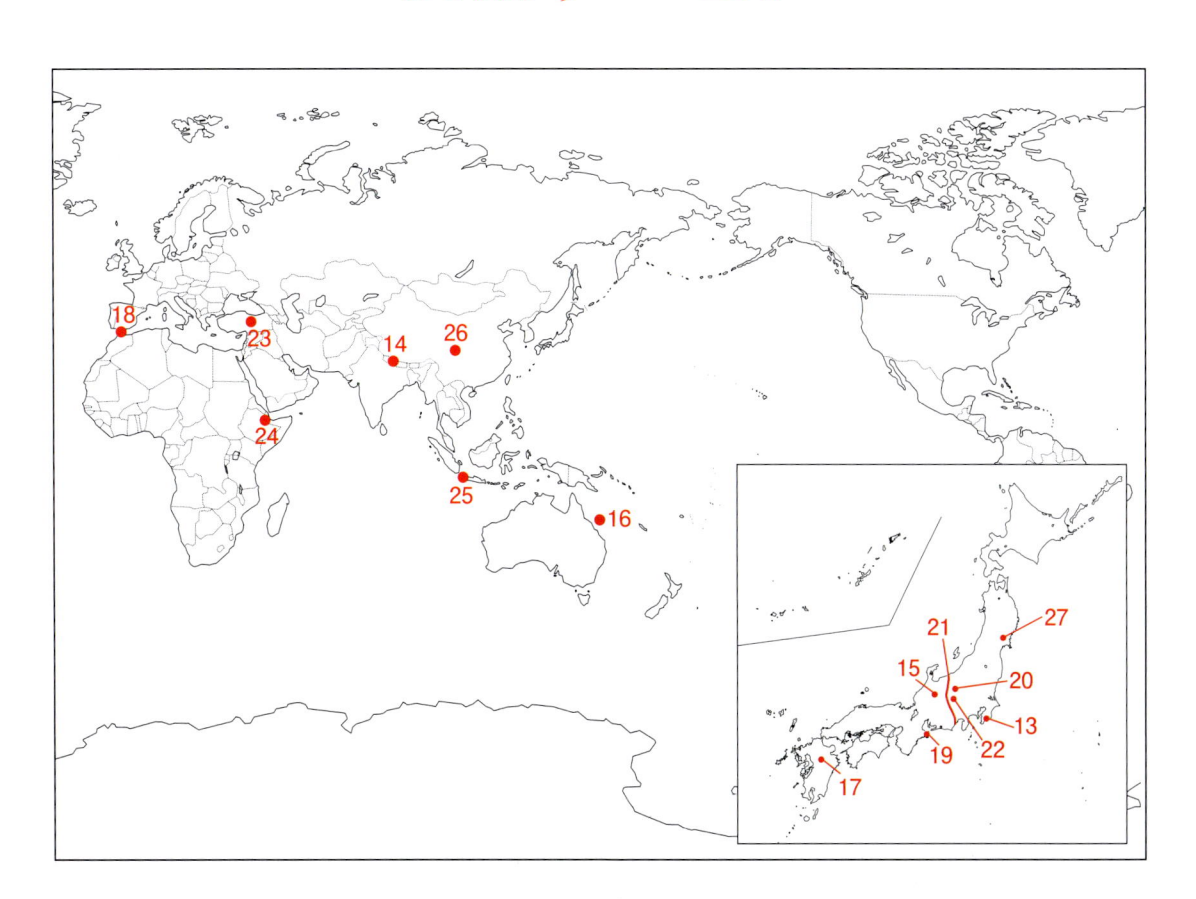

13 房総半島
── 大地震で形成された海岸段丘

　関東地方千葉県の房総半島南部は，長期的にみて日本で最も隆起速度の大きい地域の一つである．隆起は主に地震時に急激に生じるが，平均すると年間で約4mmもの速度になる．しかし図13.1のASTER画像を見ると，山地部にこの隆起速度に見合うだけの高い山はなく，大半が標高100〜400mの比較的低い丘陵で構成されている．これらの丘陵を縁取るように，沿岸には低地が分布していることが見て取れる．実はこの低地となっているところに，隆起速度の大きさを物語る海岸段丘が発達しているのである．

　房総半島南部を隆起させる地震は相模トラフ沿いで起こる．相模トラフは相模湾から房総半島南部沖合にかけて伸びる海底凹地で，そこではフィリピン海プレートが北米プレートに沈み込むプレート境界となっている（図13.2）．1923年（大正12年）に発生した大正関東地震（マグニチュード7.9）はこのプレート境界を震源として発生した．さらに遡ると1703年（元禄16年）にはさらに規模の大きい元禄関東地震（マグニチュード8.2）が起こっていたことが歴史的に知られている（宇佐美，2003）．

　地震時における急激な沿岸の隆起は，浅海底を干上がらせる．とくに岩石海岸では平均海面付近に波食棚（ベンチ）と呼ばれる高さの揃った岩棚が形成されているため，間欠的に隆起がくり返されると階段状の地形になる．これが海岸段丘である．図13.1では半島南端周辺で低地の面積が広いのに対し，北側では低地の分布が顕著ではないことがわかるが，これは南端ほど大きく隆起し，海岸段丘が発達している証拠である．房総半島南部の海岸段丘は大小様々なレベルで分布するが，おおまかに4面に区分できる（図13.3）．これを高位から沼Ⅰ面群，沼Ⅱ面群，沼Ⅲ面群，沼Ⅳ面と呼び，このうち沼Ⅳ面が元禄関東地震時の隆起で形成された元禄段丘である．そのさらに下位に大正関東地震による隆起で離水した波食棚を観察することができ，これは大正ベンチと呼ばれる（図13.4）．南房総市千倉町周辺で測量した地形断面（図13.5）によれば，大正ベンチの高度が1.4mで幅狭く分布するのに対し，元禄段丘の高度は6.2mに達し，幅は20m以上と広い．これは隆起量の違いを反映しており，この地点では元禄関東地震が大正関東地震よりもおよそ3倍近い隆起を伴っていたことがわかる．図13.6は千倉付近のASTER鳥瞰図である．海岸に平行に4面の段丘面が確認できる．

　この地形断面を詳しく見ると，高位の段丘が，元禄段丘と同様の広い面と，大正ベンチと同様の幅狭い複数の段で構成されていることがわかる．これらの段丘の段数からみて，過去に元禄タイプの大きい隆起が4回，大正タイプの隆起が少なくとも11回生じていたことが確認された．それぞれの段丘の堆積物に含まれる貝や植物の化石を用いて，放射性炭素同位体による年代測定を行った結果，元禄タイプの隆起を起こす地震は，7,200年前，5,000年前，3,000年前にそれぞれ発生したことが明らかになった（中田ほか，1980）．また大正タイプの隆起も含め，平均すると約400年間隔で房総半島南部を隆起させる地震がくり返し生じていると考えられる（宍倉，2003）．

　このように関東地震による隆起によって新たな土地が生まれ，房総半島南部は少しずつ大きくなって人々に生活の場を提供してくれている．地震活動の活発な日本列島において，地震は災いの一方で，国

房総半島——大地震で形成された海岸段丘　57

図13.1　房総半島南部周辺のASTER鳥瞰図（南から北を望む．2006.2.10）

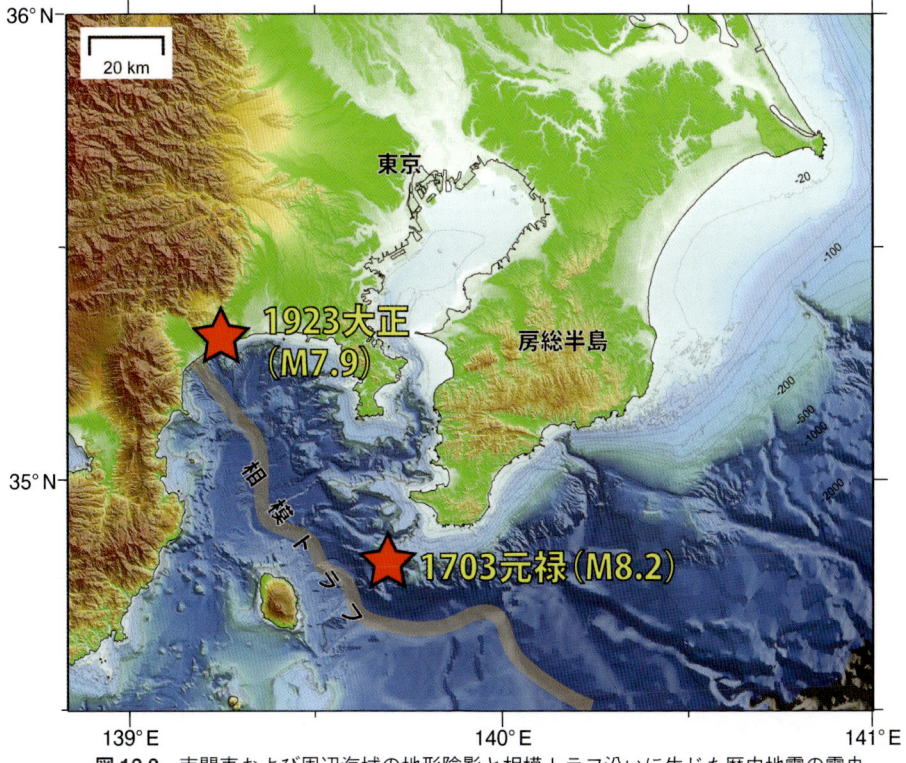

図13.2　南関東および周辺海域の地形陰影と相模トラフ沿いに生じた歴史地震の震央

土を拡大させる重要な自然現象としても作用しているのである．

ところで，隆起の著しい房総半島になぜ高い山がないのか？という冒頭の矛盾であるが，構成する地質が軟らかい新第三系～第四系の砂泥のため隆起以上に侵食作用が著しいとか，長らく海底の環境にあって陸化したのが比較的最近であるとか，諸説あるもののまだ明確な答えは見つかっていない．

■ 文　献

川上俊介，宍倉正展（2006）：館山地域の地質．地域地質研究報告（5万分の1地質図幅）．産業技術総合研究所地質調査総合センター，82p．
中田　高，木庭元晴，今泉俊文，曹　華龍，松本秀明，菅沼　健（1980）：房総半島南部の完新世海成段丘と地殻変動．地理学評論，53, 29-44．
宍倉正展（2003）：変動地形からみた相模トラフにおけるプレート間地震サイクル．地震研究所彙報，78, 245-254．
宇佐美龍夫（2003）：最新版日本被害地震総覧，東京大学出版会，605p．

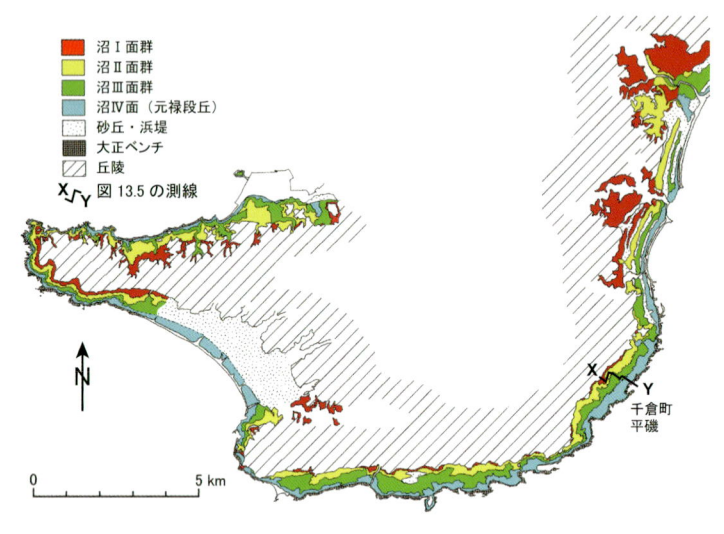

図13.3　房総半島南部の完新世海岸段丘区分図

図13.4　南房総市千倉町平磯における大正ベンチの様子（撮影：宍倉正展）

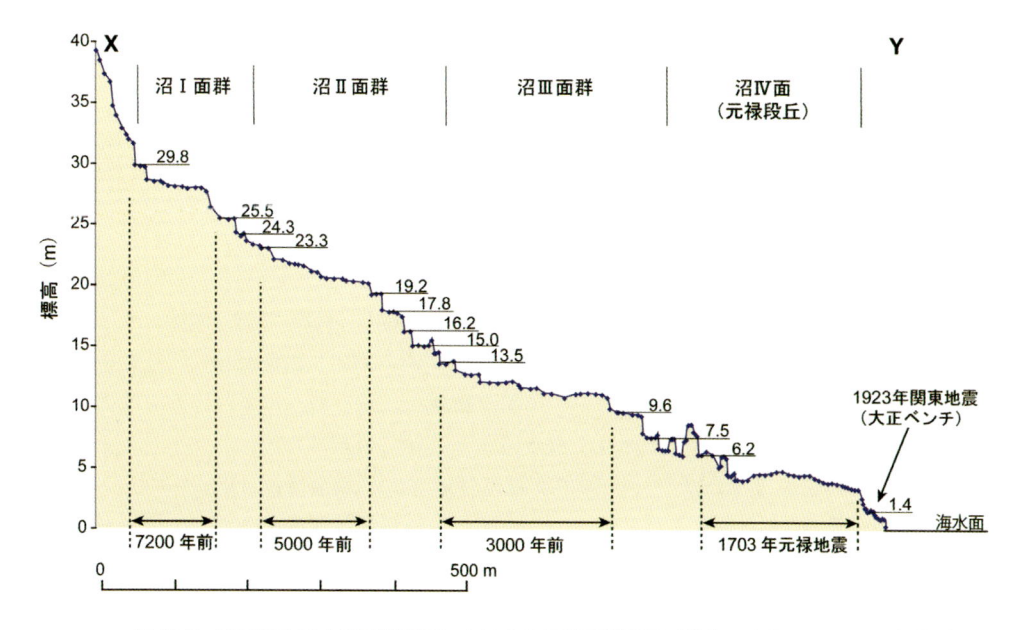

図 13.5　南房総市千倉町平磯周辺における実測地形断面図（川上・宍倉，2006 を一部改変）
X-Y 測線の位置は図 13.3 参照．

図 13.6　千倉付近の ASTER 鳥瞰図（図 13.1 の一部を拡大）

14 8,000 m 峰を刻むカリガンダキ川
―― 世界でもっとも深い谷

　インド大陸は南半球に存在したゴンドワナ超大陸から約1億年前に分裂して北に移動し，約4,500万年前にユーラシア大陸に衝突した．ヒマラヤは，両大陸の衝突後，インド大陸北縁にできた衝上断層群による岩層の積み重なりと大規模な衝上断層（主中央衝上断層）に沿う南へのずり上がり運動によりできた衝突型の巨大山脈である．その衝上運動は1,500万年ほど前に始まった．

　東西延長約2,400 kmのヒマラヤはインド大陸の北縁に位置し，平均高度約5,000 mのチベット高原の南縁を飾る花綵（はなずな）のように一段と高くそびえている．山脈は東西両端でそれぞれブラマプトラ川とインダス川によって切られ，花綵の両端が垂れ下がるように，南に折れて，東のナガ山脈および西のスライマン山脈に続く（図14.1）．このように山脈が大きく屈曲するところを地形学では対曲（シンタクシス：syntaxis）と呼んでいる．東の対曲はナムチャ・バルワ峰（7,756 m）を抱くブラマプトラ川のNamcha Barwa syntaxis である．そこから上流では川の流れは東西性になり，ヤルンツァンポ川（ツァンポは川の意味）と名前を変える．西の対曲はナンガ・パルバット峰（8,125 m）の北西でインダス川が直角に流路を変えるNanga Parbat syntaxis である．

　ヤルンツァンポ川とインダス川上流部は聖山カイラス（カン・リンポチェ：6,714 m）付近を源として，それぞれ東南東と北西へヒマラヤ弧に平行に流れる．宇宙から見ると（図14.2），ヒマラヤ弧に並行するヤルンツァンポ川とインダス川が流れる凹地が明瞭である．これはインダス-ヤルンツァンポ縫合帯と呼ばれ，かつてのインド大陸とユーラシア大陸の衝突境界である．この縫合帯には衝突以前に両大陸の間にあった海（テーチス海）の岩石（オフィオライト）が点在している．

　ネパール（東西約800 km）は南に張り出しているヒマラヤ弧のほぼ中央に位置し，その中央部にカリガンダキ川がヒマラヤを切って南へ流れている（図14.2）．このようにヒマラヤを横断する先行谷はいくつか存在し，ヒマラヤの隆起以前に古い河川が北のチベット南斜面を水源として南へ流れていたことを示している．カリガンダキ川は代表的な先行谷であり，8,000 m峰を刻む谷はかつてチベットの岩塩などを南へ，そしてネパールの米をチベットへ運ぶ"塩の道"でもあった．

　カリガンダキ川を南から北へ遡ると，東西に帯状に配列するヒマラヤのさまざまな地質を見ることができる（図14.3, 14.4）．インド平原に続く標高200 m以下の亜熱帯の低地から，ヒマラヤの急激な上昇を示すモラッセ堆積物からなる標高1,000 m程度のシワリク山脈（亜ヒマラヤ帯）を抜けると，主境界衝上断層を境に中期原生代～前期古生代の各種の堆積岩からなる低ヒマラヤ帯に入る．遠くに雲のように浮かぶ白き嶺々を望む標高1,000～3,000 mのゆるい丘陵地には集落が点在し，カリガンダキ川やその支流が大きく蛇行し，人びとは川沿いの段丘では水田を，山腹では段々畑を作っている．図14.6の下（南）の4分の1ほどの範囲には，南北方向の地形を切って東西方向の細かなリニアメントが認められるが，これは低ヒマラヤ帯の珪岩や砂岩の東西方向の走向を示している．ヒマラヤの高峰も間近になるダナ（図14.5, 14.6）にヒマラヤの地質構造を規制する最大の衝上断層である主中央衝上断層があり，地形的にも明瞭な遷移点となっている（図14.4）．ここから片麻岩などの高変成度の変成岩からな

8,000m峰を刻むカリガンダキ川—世界でもっとも深い谷 61

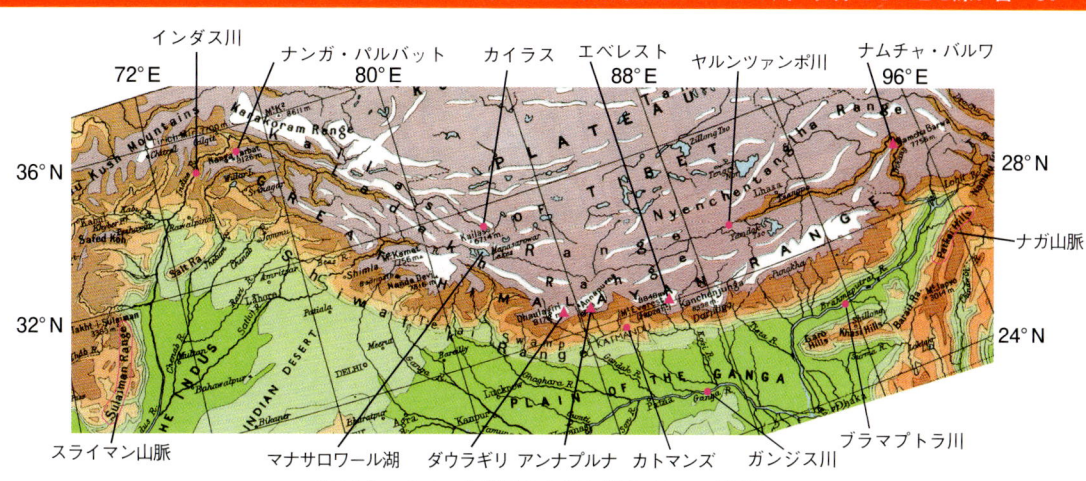

図14.1 チベット高原の南縁を縁取るヒマラヤ弧

（ラベル：インダス川、ナンガ・パルバット、カイラス、エベレスト、ヤルンツァンポ川、ナムチャ・バルワ、ナガ山脈、スライマン山脈、マナサロワール湖、ダウラギリ、アンナプルナ、カトマンズ、ガンジス川、ブラマプトラ川）

図14.2 スペース・シャトルから見たチベットとヒマラヤ（NASAの写真に文字，線を加えた）

（ラベル：マナサロワール湖、カイラス、タコーラ・グラーベン（カリガンダキ川上流部）、インダス-ヤルンツァンポ縫合帯、カトマンズ盆地）

右（北）がチベット高原，左（南）がインドのガンジス平原．中央部のほぼ左右に伸びる凹地がタコーラ地溝帯（カリガンダキ川上流部）．地溝帯南端部の氷雪で覆われた白い部分はヒマラヤ主稜部で，上側（西）はダウラギリ山塊，下側（東）はアンナプルナ山塊，カリガンダキ川は両者の間を南流する（図14.5）．図の真ん中の上から四分の一のところにある2つの湖の東側は聖湖マナサロワールで，聖山カイラスはその北西（右上）にある．西側はラカス湖である．

る高ヒマラヤ帯になる．両岸は険しいゴルジュを作り，約35 km隔てた西のダウラギリⅠ峰（8,167 m）（図14.7）と東のアンナプルナⅠ峰（8,091 m）との間を流れるカリガンダキ川は高度差数千mの深い谷を作っている（図14.4, 14.8）．カラパニ（図14.5, 14.6）の1.5 kmほど上流で原生代末〜古生代の石灰岩や砂岩などからなるテーチスヒマラヤ帯に入り，地形は急に緩やかになる（図14.4, 14.9）．さらに行くと川幅は1 km以上に広がり，乾燥した荒寥たる光景となる（図14.10）．ここはヒマラヤの北側のチベットの世界（タコーラ地域）である．ツクチェの窓枠に精巧な木彫を施した民家は"塩の道"が賑やかだった往時を偲ばせる．河口慧海が，ジョモソン（図14.6）あたりから西方のトルボ地域に入り，チベットへ越境してマナサロワール湖（図14.1）に向かったのは1900年夏のことである．カグベニから北は秘境といわれたムスタンである（図14.6, 14.11）．

ヒマラヤ主稜北側のタコーラ地域はカリガンダキ川を挟む幅約10数kmの南北方向のグラーベン（正断層により落ち込んだ地溝帯）となっている．図14.6に見られるカリガンダキ川両岸の南北方向の細かなリニアメントはこの反映である．このような東西引張を示す南北性の正断層構造は他にも存在し

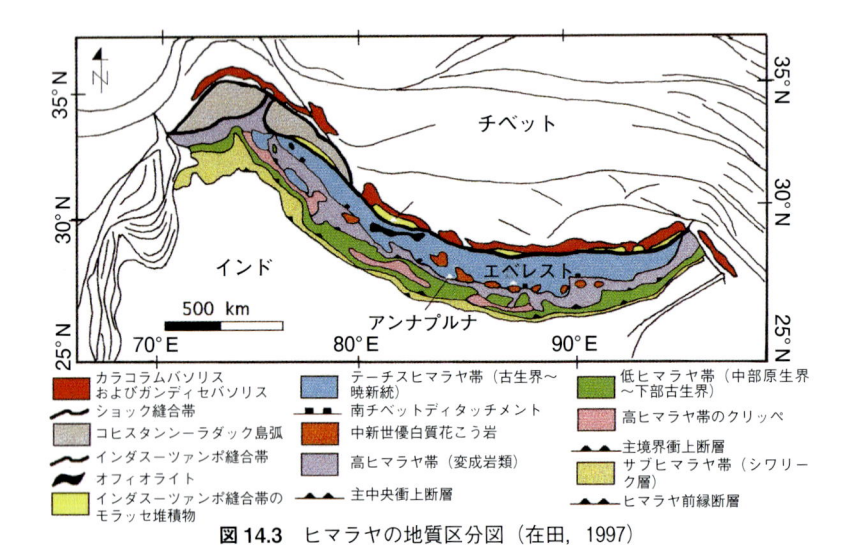

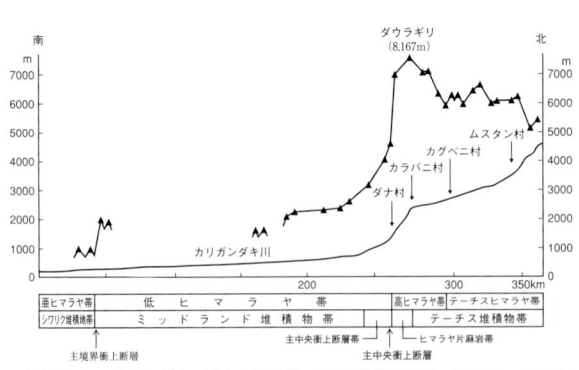

図14.3 ヒマラヤの地質区分図（在田, 1997）

図14.4 カリガンダキ川に沿う地形断面図（在田, 1988；Iwata *et al*., 1984による）．地形区分と地質区分はほぼ対応している．

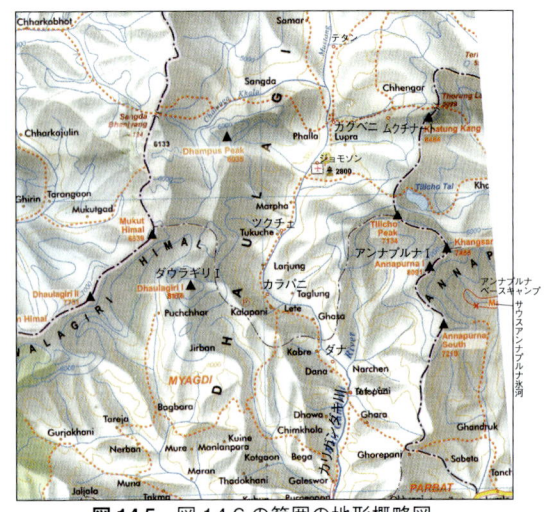

図14.5 図14.6の範囲の地形概略図

（図 14.2），大陸衝突場における引張テクトニクスとして注目される．グラーベンの中央部には，湖成層を挟む後期中新世～前期鮮新世の河川ないし扇状地堆積物が厚く分布する（図 14.12）．下流側（南側）のこれらの地層は北に 10 数度以上傾斜しており，南側のヒマラヤ主稜部が約 400 万年前以降に急激に上昇したことを示している．

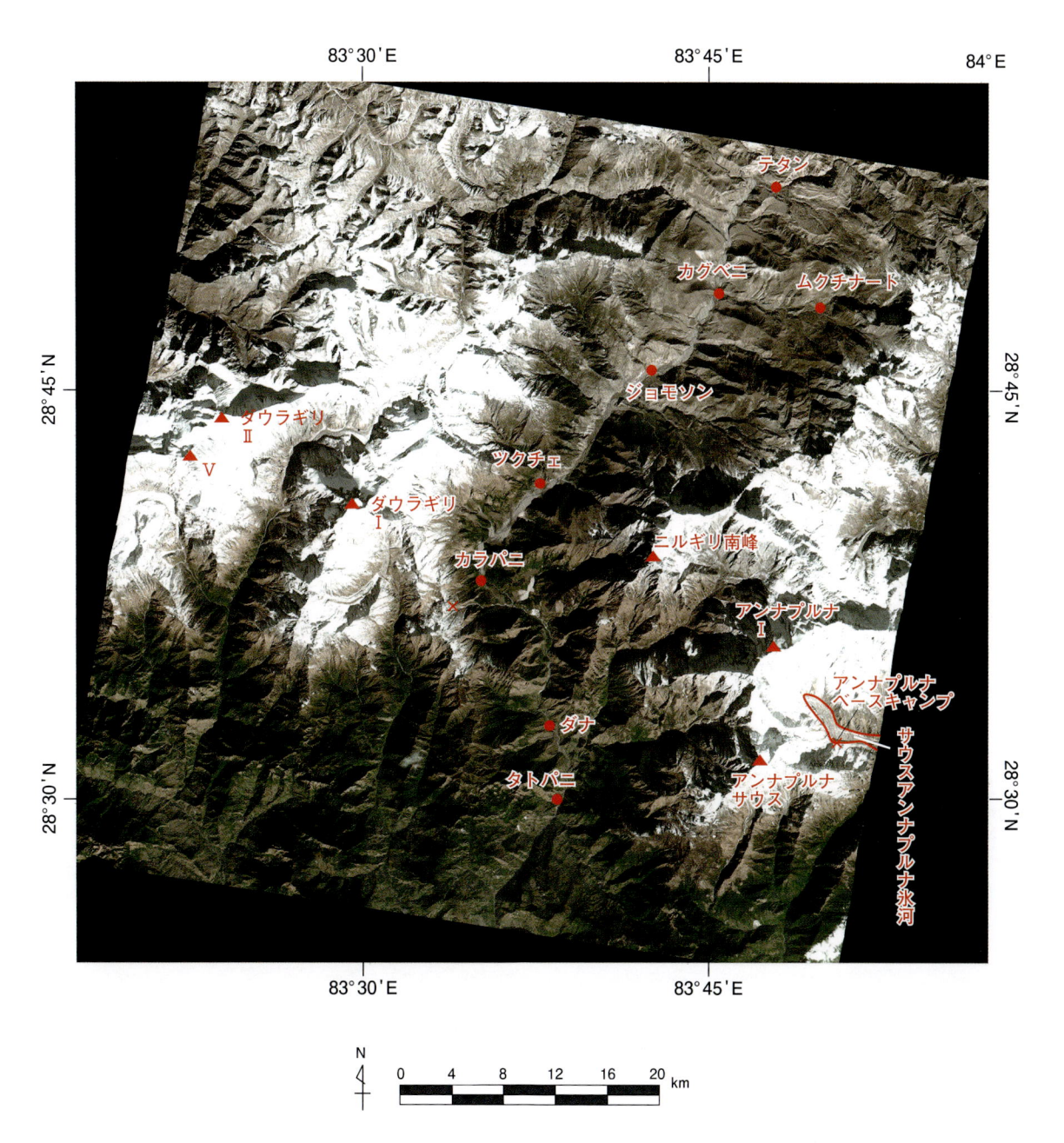

図 14.6　高ヒマヤラ帯の ASTER 画像（2007.12.26）

図14.7 ダウラギリ峰（8,167 m）南壁（撮影：在田一則）
頂上付近はオルドビス紀（約4.5億年前）の石灰質岩からなり，その下は原生代末期〜カンブリア紀の変成した石灰質岩からなる．テーチスヒマラヤ帯の地層は北傾斜なので，南面は逆層になり，8,000m峰は高度差4,000〜5,000の南壁を作る．手前は集落が散在する低ヒマラヤ帯の丘陵．

図14.8 カリガンダキ川支流ニルギリ・コーラの深い谷（撮影：在田一則）
正面はニルギリ南峰（6,839 m）

図14.9 カリガンダキ川右岸（西側）の稜線（カラパニ南西，標高約4,300 m，図14.6の×地点）から，東（写真の右側）から北（写真の左手）を望むパノラマ（撮影：在田一則）
左手の北へ伸びる谷はタコーラ・グラーベン．中央右手の頂上の切れた山はニルギリ南峰．右側奥のピークはアンナプルナ．中央の扇状の白い河原は図14.6でもカラパニ東方約4 kmに認められる．このあたりの大規模な基盤崩壊および土石流による膨大な堆積物がカリガンダキ川を堰き止め，上流（左手）の広い河原（図14.10）を作った．

図14.10 テーチスヒマラヤ帯（撮影：在田一則）
ダウラギリ峰を南に望む．モンスーンもここまでは侵入せず，乾燥し樹林のない荒寥とした世界である．

図14.11 カリガンダキ川上流のカグベニは秘境ムスタンへの入り口（撮影：在田一則）
雨はほとんど降らないので，家は土作りの平屋根である．奥の山並みの崖はグラーベン西端の正断層である．その手前の白～茶色の段丘状の堆積物は図14.12の左手対岸の縞状堆積物．

図14.12 カリガンダキ川上流のタコーラ地域に広がる後期中新世～前期鮮新世の地層（撮影：在田一則）
手前の川はカリガンダキ川の支流ナルシン・コーラ．白っぽい下部層と茶色の上部層との間には不整合がある．左手奥の縞状堆積物はカリガンダキ川右岸の崖．中央手前の集落はテタン村．

■ 文 献

在田一則（1988）：ヒマラヤはなぜ高い．青木書店，172p.
在田一則，Sorkhabi, R.（1997）：ヒマラヤ・南チベットの衝突テクトニクス．地学雑誌，106 (2)，(口絵 1)．
Iwata, S, Sharma, T. and Yamanaka, H. (1984): A preliminary report on geomorphology of central Nepa. Jour. Nepal Geol. Soc., 4, Special Issue, 141-149.
以下は参考図書
木崎甲子郎編著（1988）：上昇するヒマラヤ．築地書館，214p.
酒井治孝，本多　了（1988）：ヒマラヤ山脈の形成　I．科学，58 (8)，494-508.
本多　了，酒井治孝（1988）：ヒマラヤ山脈の形成　I．科学，58 (9)，570-579.

15 穂高・槍ヶ岳
── 北アルプスの盟主・日本のマッターホルン

　本州中部地方の地形的高所をなす日本アルプスは飛騨山脈（北アルプス），木曽山脈（中央アルプス），赤石山脈（南アルプス）の総称である（図15.1）．イギリス人鉱山技師ウィリアム・ゴーランドが1881年に刊行した「日本案内」の中で飛騨山脈を中心にヨーロッパアルプスに因んで命名した．また，後に「日本アルプスの父」とまで呼ばれるイギリス人宣教師ウォルター・ウェストンによって広く紹介され世界的に有名になった．地質学的にも東西日本を分けるフォッサマグナの西縁を画す糸魚川−静岡構造線を境にしてその西側に地形的な明瞭な高所として発達している（図15.2）．

　長野県松本市と岐阜県高山市の境界にある穂高岳（3,190 m）は，北アルプスの飛騨山脈南部に位置し，富士山・北岳に次ぐ日本で3番目に高い山である．剣岳，谷川岳と共に日本三大岩場に数えられている．「日本百名山」の1つで「北アルプスの盟主」とも称される奥穂高岳や涸沢岳，北穂高岳，前穂高岳，西穂高岳などの峰々を総称して穂高連峰と呼ぶ．北は，大キレットの峻険な登降を経て，南岳や大喰岳の先で槍ヶ岳に連なる．途中，涸沢岳から南岳の稜線の飛騨側には，谷川岳の一の倉沢と並ぶわが国有数の急峻な岩場である滝谷を擁する．南は，奥穂高岳より西穂高岳に至る痩せ尾根を経て，粗粒火砕岩の上に乗る溶岩円頂丘をなす焼岳（2,458 m）へと連なる．奥穂高岳より吊り尾根を経て前穂高岳に至り，氷食地形であるカール（圏谷）を降れば，上高地の河童橋に至る．

　槍ヶ岳（3,180 m）は日本で5番目に高い山で，まさに天に槍をつくような鋭利で特異な形状から「日本のマッターホルン」とも称される人気のある高山である（図15.3, 15.4）．開山は播隆上人（1786〜1840）といわれる．槍ヶ岳山頂には2等三角点が設置されていたが，現在では標石が地面に埋設・固

図15.1　日本アルプスの地形図（日本百名山を登る（下）日本アルプス・近畿・中四国・九州（2008）昭文社．地図使用承認Ⓒ昭文社第09E054号）

図15.2　日本アルプスのASTER鳥瞰図（東から西を望む．2006.10.31）

定されておらず，国土地理院では「成果使用不能」扱いとなっており単なる標高点扱いとなっている．尾根は東西南北に，東鎌・西鎌・槍穂高・北鎌の四稜，沢は東南に槍沢，南西に飛騨沢（槍平），北西に千丈沢，北東に天丈沢の四沢が発達している．山頂近くの東西約600 m，南北約350 mの範囲には槍ヶ岳結晶片岩が分布する．ほとんどが塩基性火山岩起源の緑色片岩相に属するアクチノ閃石片岩である．この周囲には不整合ないし断層関係で火砕岩を主とする古い第三紀の穂高安山岩が分布している．これは，南北に長い地溝状凹地に噴出した火山岩類で，とくに槍-穂高連峰の主稜線を構成する上部層は硬く柱状節理の発達する複輝石安山岩の溶結凝灰岩からなり溶岩も伴う．厚さは1,000 m以上に達する．

　これらは，まさに「日本の屋根」にふさわしい威容をもつ山岳地域である．

■ 文　献

日本の地質『中部地方Ⅱ』編集委員会編（1988）：日本の地質5　中部地方Ⅱ，共立出版，310p.

図15.3 東鎌尾根から見上げた槍ヶ岳（撮影：山口　靖）

図15.4 東側（常念岳）から見た穂高連峰．中央が奥穂高岳，そこから右に涸沢岳，北穂高岳，手前に涸沢カール，屏風岩（撮影：山口　靖）

16 サンゴ礁
──生物によって形成された地形

　サンゴ礁は，熱帯・亜熱帯の沿岸を縁取る造礁サンゴをはじめとする生物によって形成された高まりである．人々がサンゴ礁から恩恵を受けている機能としては，沿岸での漁業資源を支える機能，生物多様性を保持する機能，観光資源を支える機能，天然の防波堤としての防災機能，人間の居住地としての機能などがある．例えばモルディブやツバルなどの環礁国では国土のすべてがサンゴ礁起源の砂からなる．

　サンゴ礁の発達に影響を与える地域的要因として塩分と波当たりが重要と考えられている．河口付近では河川による水の流入により塩分が低下し，造礁サンゴが生育できないため，しばしばサンゴ礁の連続性が失われる．一方，風上側や外洋に面した波当たりの強い側でサンゴ礁が良く発達することが観察される（図16.1）．波当たりのよい方がサンゴ礁の発達がよいのは，海水流動の盛んな地点では，供給される栄養塩のフラックスが大きくなること，堆積物が除去されやすいこと，造礁サンゴ自身の活性が増大することなどが理由として考えられている（山野，2008など）．

　現在のサンゴ礁は，およそ10,000年前から後氷期の海面上昇と水温上昇にともなって形成された（Montaggioni, 2005など）．太平洋では，約6,000年前から現在にかけて海面が現在と同じぐらいのレベルに安定し，サンゴ礁が海面に追いついた後，水平方向に広がり，礁原と呼ばれる平坦な地形が形成された．

　サンゴ礁の水深は小さく，さらに海水の透明度が高いため，こうしたサンゴ礁地形の分布を人工衛星の可視近赤外域センサを用いて観察することができる（図16.1, 16.2）．近赤外光は水に強く吸収されるため，近赤外バンドを用いて汀線の抽出が可能である．6,000年前から現在にかけて隆起などで相対的な海面低下のあったサンゴ礁では，礁原部分が低潮位時に干出する潮間帯となる．したがって，潮位差の大きい地域では，さまざまな潮位の条件で得られた多時期の近赤外画像から汀線を抽出し，その汀線を等高線とみなすことにより，潮間帯にある礁原の地形を把握することができる（Yamano *et al.*, 2006）．

　沖縄県石垣島（図16.1）では，2,000年前に地殻変動により傾動運動が起こった（河名，1987）．中〜低潮位時に得られた近赤外画像は，南東のサンゴ礁の水深が浅く干出していることを示し，この時の傾動運動が現在のサンゴ礁地形に記録されていることがわかる．オーストラリアのグレートバリアーリーフ（図16.2）では，約6,000年前から現在にかけてハイドロアイソスタシー*により隆起が起こり，礁原が低潮位時に干出するため，多時期の近赤外画像により潮間帯にある礁原部分の地形を把握することができる（Yamano, 2007）．このように，サンゴ礁地形の分布や潮間帯地形の把握に，衛星画像は大きな力を発揮する．

　　*ハイドロアイソスタシー：氷期・間氷期の繰り返しによって起こる海水の増減に応じて，陸地と海底下のマントル流動が生じて隆起や沈降が起こる現象．

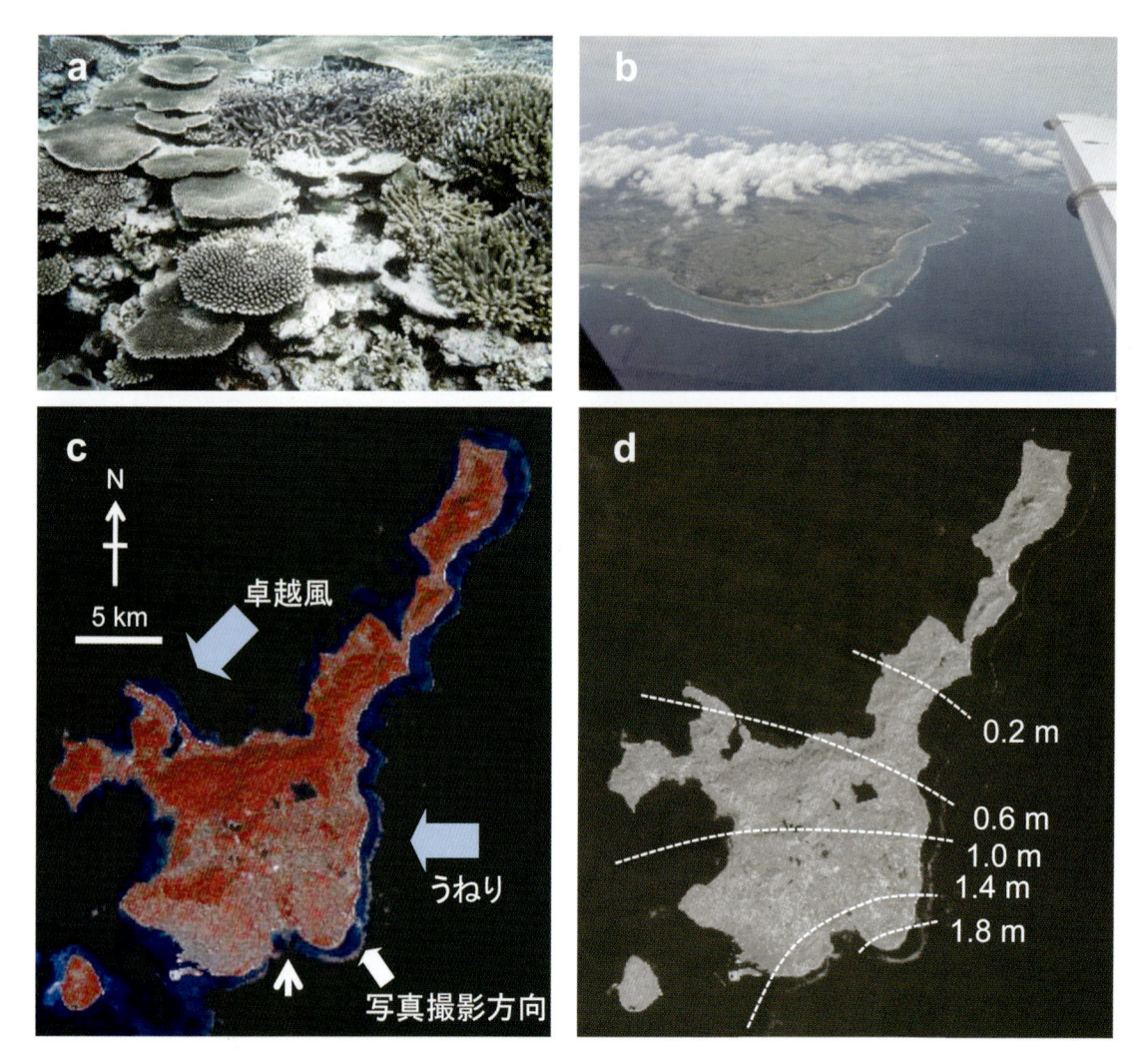

図 16.1　a) 造礁サンゴの生態写真. b) 航空機より撮影した沖縄県石垣島を縁取るサンゴ礁. c) 中-低潮位時に得られた沖縄県石垣島の ASTER 画像（緑, 赤, 近赤外バンドを用いて作成）. 風上あるいはうねりに面したサンゴ礁の発達が良い. 河口（矢印）でサンゴ礁は発達しない. d) c と同じ ASTER データの近赤外画像. 近赤外光が強く吸収され, 水域が黒く見える. サンゴ礁の干出状況は, 石垣島の地殻変動（傾動運動）を反映している. 等高線は 2000 年前の隆起量を示す.

■ 文　献

河名俊男 (1987)：沖縄県石西礁湖周辺域の完新世地殻変動. 月刊地球, 9, 129-134.

Montaggioni, L.F. (2005)：History of Indo-Pacific coral reef systems since the last glaciation: development patterns and controlling factors. *Earth-Science Reviews*, 71, 1-75.

Yamano, H. (2007)：The use of multi-temporal satellite images to estimate intertidal reef-flat topography. *Journal of Spatial Science*, 52, 71-77.

山野博哉 (2008)：日本におけるサンゴ礁の分布. 沿岸海洋研究, 46, 3-9.

Yamano, H., Shimazaki, H., Matsunaga, T., Ishoda, A., McClennen, C., Yokoki, H., Fujita, K., Osawa, Y., and Kayanne, H. (2006)：Evaluation of various satellite sensors for waterline extraction in a coral reef environment: Majuro Atoll, Marshall Islands. *Geomorphology*, 82, 398-411.

サンゴ礁——生物によって形成された地形　71

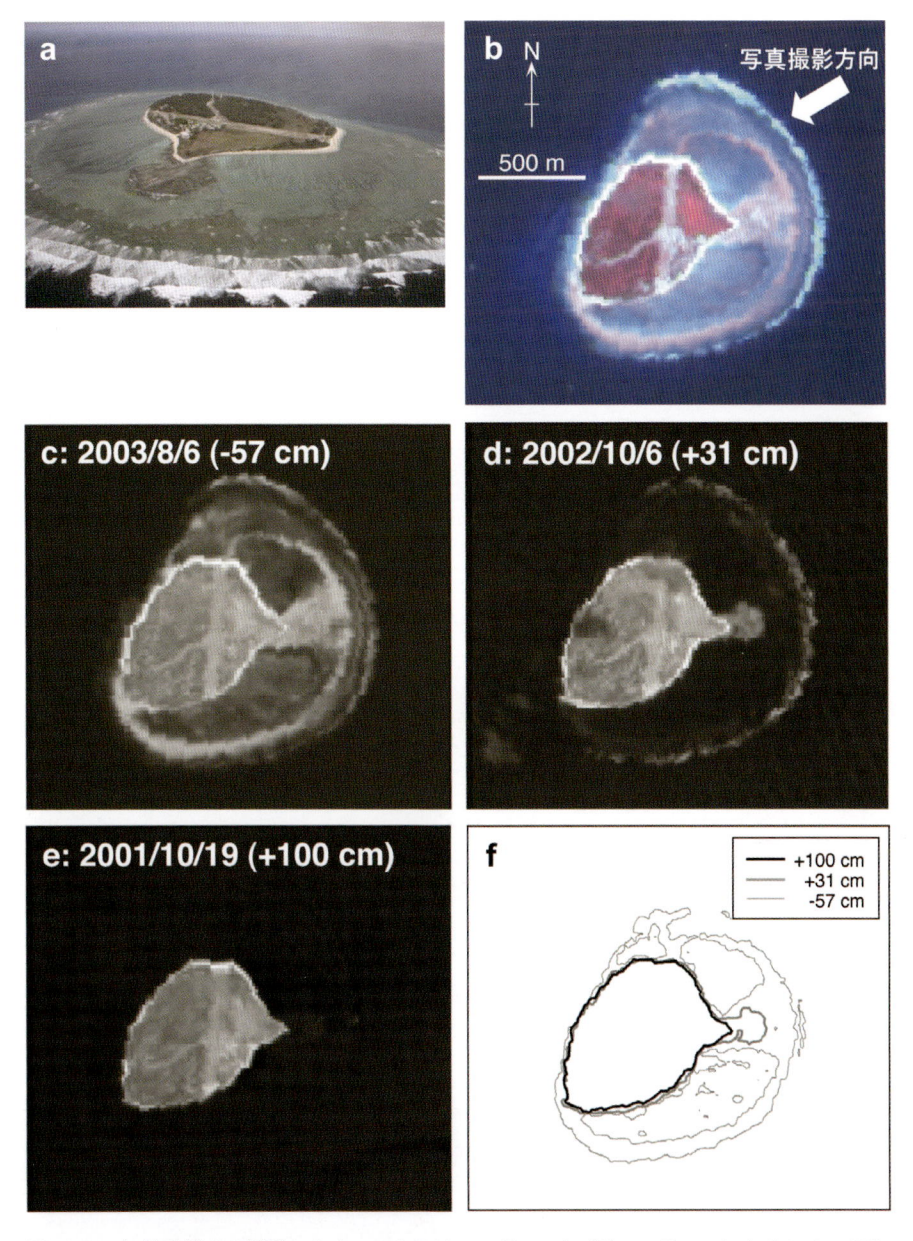

図16.2 a) 航空機より撮影したオーストラリア・グレートバリアーリーフにある Lady Elliot Island（撮影：波利井佐紀）．b) 低潮位時に得られた Lady Elliot Island の ASTER 画像（緑，赤，近赤外バンドを用いて作成）．c〜e) 低潮位から高潮位に得られた Lady Elliot Island の ASTER 近赤外画像．近赤外光が強く吸収され，水域が黒く見える．f) c〜e の各画像から抽出した汀線．汀線を等高線とみなすことにより，礁原部分の地形が把握できる（Yamano, 2007）．

17 阿蘇カルデラ
——大規模火砕流噴火を繰り返した巨大カルデラ

　阿蘇火山は九州中央部にある活火山で，南北約25km・東西約18kmの大型のカルデラ（阿蘇カルデラ）をもっている．阿蘇カルデラの内部は比較的平坦で肥沃な土地が広がり，およそ5万人の人々が生活している．カルデラ中央部には現在も活発な噴火活動を続ける中岳をはじめとする中央火口丘群がある（図17.1, 17.2）．

　カルデラとは，火山活動によってできた凹地形のうち火口より大きなものをいう．カルデラと火口の大きさの境界は明確には定められていないが，1マイル（1.6km）あるいは2kmとする場合が多い．カルデラの成因には様々なものがある．成因によって陥没カルデラ，崩壊カルデラ，侵食カルデラなどと区分される．陥没カルデラは，大規模火砕流噴火（噴出物量 > 10 km^3）のように大量のマグマが一気に地下から放出されることにより地表が陥没して生じる．また，例は多くないが，三宅島2000年噴火のように，比較的少量の噴出物しか放出せずに陥没した例も知られている．

　阿蘇カルデラは約27万年前以来，4回の大規模火砕流を繰り返し噴出することにより形成された陥没カルデラである．4回の火砕流を古い方から，阿蘇-1火砕流（約27万年前），阿蘇-2火砕流（約14万年前），阿蘇-3火砕流（約12万年前），阿蘇-4火砕流（約9万年前）と呼び，最後の阿蘇-4火砕流が最も規模が大きく遠くまで流れた（図17.2）．それぞれの火砕流は十分に規模が大きいことから，火砕流噴火のたびにカルデラを形成していたと見られる．

　カルデラの外側には，流れてきた火砕流が繰り返し堆積したため，元々あった谷が埋められ平坦な地形（火砕流台地）となった．とくにカルデラの北側から東側にかけて広大な火砕流台地が広がる．火砕流台地は，カルデラ縁から外側に向かって緩く傾斜し，噴出源が内側にあったことを示している．カルデラ南西部では，俵山などの急峻な古い火山体があったために火砕流によっても完全には埋まらず，凹凸の多い稜線となっている．カルデラ縁の内側は比高約300〜700mの内側に傾斜する急崖が連なっている（図17.1, 17.3）．急崖は単純な円弧状ではなく，いくつかの湾入部が認められる．この湾入部は，カルデラが沈没するときに，二次的に内側に向かって滑り落ちたためと考えられる．

　カルデラの内側には，中岳，高岳などの複数の火山が連なる中央火口丘群がある（図17.1, 17.4）．中央火口丘群は，9万年前の阿蘇-4噴火終了直後から活動を開始し，噴出物がカルデラを埋積してきた．現在地表に見えている中央火口丘群の山体の下に厚い噴出物があることがボーリング調査などにより確認されている．中岳は現在も活動的で，1989〜90年には多量の降灰により農作物などに被害を与えたほか，近年も小規模な噴火をたびたび繰り返している．中央火口丘群の東側にある根子岳は，阿蘇-3噴火より古く，地形的にはカルデラの外側にあること，マグマの性質がほかの阿蘇火山噴出物と系統的に異なることから，中央火口丘群とは別の火山体であると考えられている．

　カルデラ底の北側と南側の低地はそれぞれ阿蘇谷，南郷谷と呼ばれる．両者ともに河川が東から西に流れ，カルデラ西部のカルデラ縁が切れている場所から排水され有明海に流れ下っている．現在カルデラ内に大きな湖はないが，ボーリング調査により，かつて水をたたえた時期があったことがわかってい

る．新しい噴出物による埋積や，排水路の河川による下刻により湖（カルデラ湖）は消滅したのであろう．

■文献

宮縁育夫，星住英夫，高田英樹，渡辺一徳，徐　勝（2003）：阿蘇火山における過去約9万年間の降下軽石堆積物．火山，48, 195-214.
小野晃司，渡辺一徳（1983）：阿蘇カルデラ．月刊地球，5, 73-82.
小野晃司，渡辺一徳（1985）：阿蘇火山地質図．火山地質図4, 地質調査所．
渡辺一徳（2001）：阿蘇火山の生い立ち．一の宮町史，自然と文化阿蘇選書7, 一の宮町，241p.

図17.1　阿蘇カルデラのASTER鳥瞰図（南から北を望む．2004.1.7）
阿蘇カルデラを南側から見たもの．カルデラ中央部に東西に中央火口丘を構成する山体が並ぶ．カルデラの北東側には，1995年に小噴火を起こした九重火山（くじゅう連山）がある．

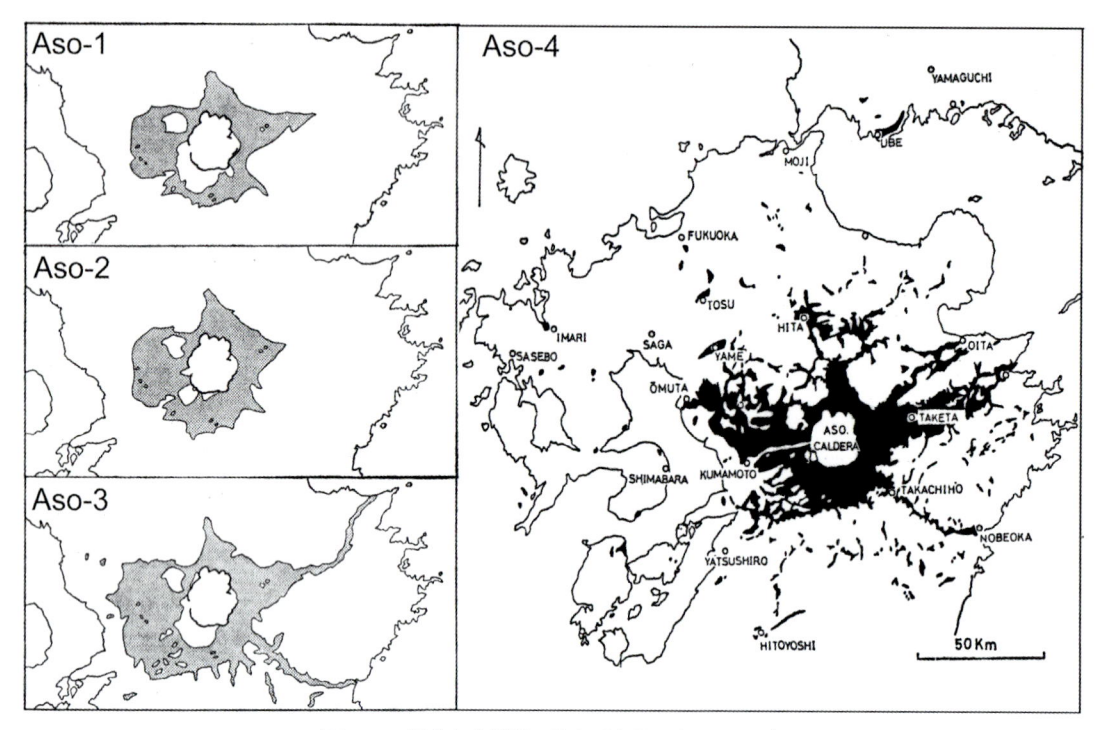

図 17.2 阿蘇火砕流群の分布（小野・渡辺，1983）

図 17.3 中岳から見たカルデラ底（阿蘇谷）とカルデラ壁（撮影：星住英夫）
写真中央部を横に伸びる急崖の手前がカルデラ底．平坦で集落や田畑が広がる．急崖の上の平坦面は，たび重なる火砕流噴火でできた火砕流台地．写真右奥（雲の下）は九重火山．

図17.4 中岳第1火口と杵島岳（奥左），往生岳（奥右）（撮影：星住英夫）
中岳第1火口の火口壁には多数の降下火砕物の重なりが見える．杵島岳と往生岳の窪地は火口地形．写真右端遠景に薄くカルデラ壁が見える．

18 ジブラルタル海峡
——地球史と人類史の変動堰

　地中海が大西洋とつながる狭い水路が「ジブラルタル海峡」である．ジブラルタル海峡は，人間の歴史にとっても，地球の歴史にとっても，劇的な変化を生みだした"堰（せき）"であった．
　ヨーロッパのイベリア半島と北アフリカを隔てるジブラルタル海峡（図18.1）は，長さ約60 kmで，幅13〜44 kmである．海峡の両側には石灰岩からなる岩山「ヘラクレスの柱」がそそり立つ．古代ギリシャの人々は，それを怪力の英雄ヘラクレスが建てたとか，2つに引き裂いてつくったとか語っていたという．そしてその先は世界の果てと信じていた．ジブラルタルの語源である北側の岩山（標高426 m）「タリクの山」（アラビア語で Jabel Tariq が訛ってジブラルタルとなった）（図18.2）は，711年，南から海峡を攻め渡ってきたイスラム軍団のタリク隊長自らが命名した．これがその後800年間もこの地を支配したグラナダ大国の一部となった．堰を切ったように軍団がこの海峡を渡ったのは，紀元前3世紀の昔，古代ローマを攻める名将ハンニバルの船団が象の大群を乗せて越えて以来だった．この海峡が重要であった理由は，イベリア半島南部には金や銀，さらには青銅器の原料となる銅や錫が産出したことや，地中海文明を西欧にもたらす通路となっていたことである．15世紀末にこの海峡を支配したのは大航海時代の大帝国となったスペインである．その後も幾多の海戦や紛争がこの海峡で起こる．1805年にはイギリスが海峡北側に英領ジブラルタル（図18.3）を打ちたて現在にいたる．ここは今もスペインとの間に領有権争いが続く．南側の岩山があるモロッコ側にはスペイン領セウタがある．海峡にはいくつかの小島があり，これらについてもモロッコとスペインが領有を主張している．
　ジブラルタル海峡は海水にとっても堰となっている．地中海は表面積250万 m^2，奥行き約3,700 kmである（図18.4）が，海峡は狭いところで幅13 kmである．また地中海は最深部で5,000 m以上と深いのに対し，海峡は最浅部で286 mしかない（図18.5）．外洋と唯一つながったこの海峡を通して海水は，流入と流出のバランスからいうと大西洋から地中海へ流入している．それは地中海での蒸発速度が，流れ込む河川の総流入速度を上回るからである．海峡部では，相対的に冷たいが塩分が低く軽い大西洋の外洋水と，暖かく塩分が高く重い地中海水とが混合せずに密度境界層をつくってせめぎ合う．その結果，海峡の深い部分を通して地中海の高塩分底層水が大西洋に流れ出している（図18.5）．流れ出た底層水は陸棚から陸棚斜面を流れ下る過程で，大西洋の海水と混合して塩分が薄まり，水深約1,000 mの中層で周囲と同じ密度になる．そしてそこでレンズ状の孤立渦（直径40〜100 km）をつくりながら岸から離れる．ポルトガル沿岸で次々と生み出されたこの渦は，時計回りに回りながら2〜3年かけて北大西洋の真ん中まで移動する．北大西洋には常に30個ほどの渦が動いており，中層での物質循環に重要な役割をしているという．
　地球の歴史の中でも，ジブラルタル海峡は劇的な場面での堰であった．海峡には，大西洋中央海嶺からユーラシアプレートとアフリカプレートとのプレート境界が伸びる．最新のGPS観測データなどから，イベリア半島の地下への沈み込みを含む横ずれと衝突を伴ったプレート境界の複雑な動きがこの地域で推定されている．この地域はプレートの集合・発散に伴って変動してきた地域である．地中海の起

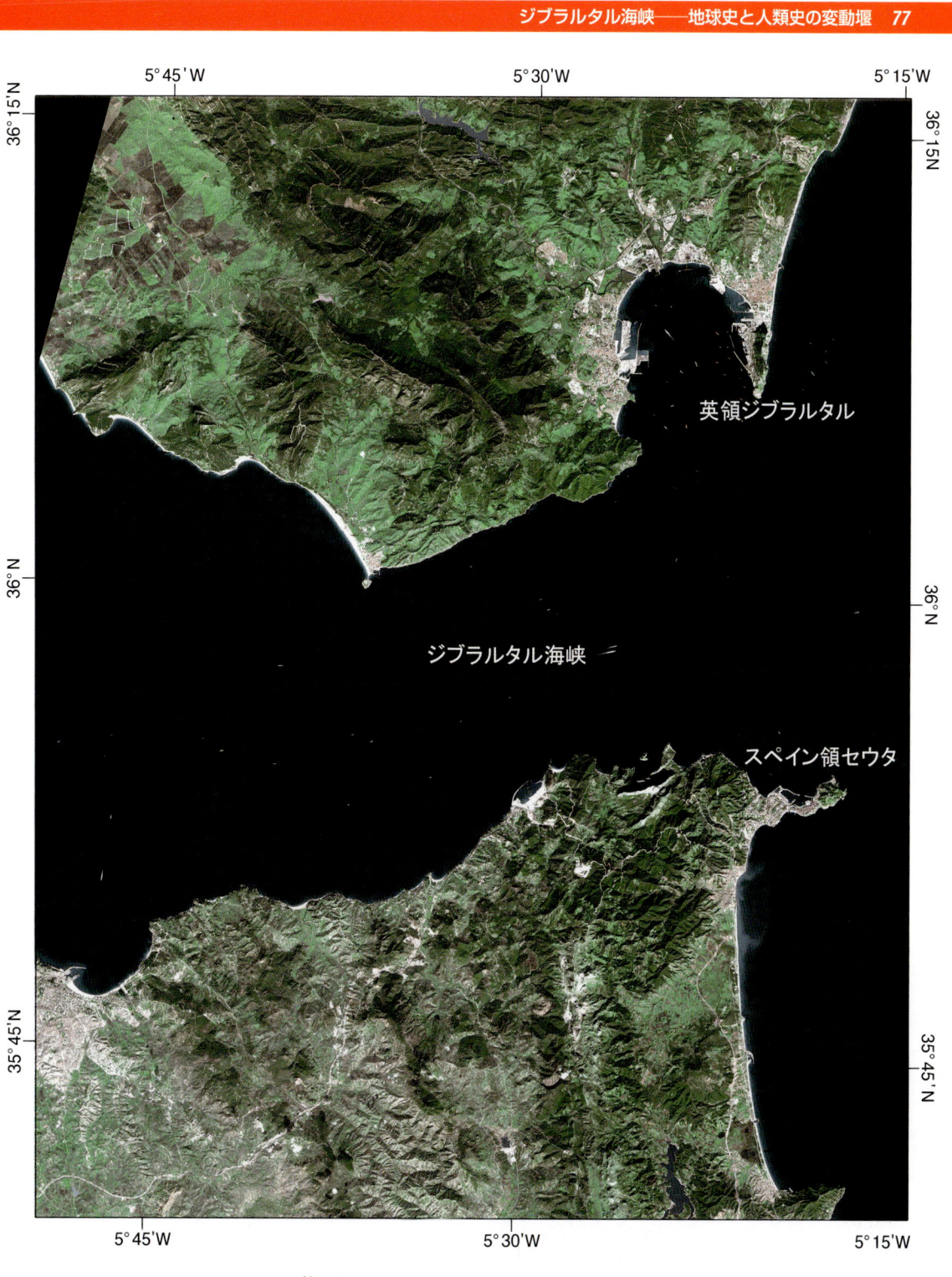

ジブラルタル海峡──地球史と人類史の変動堰　77

図 18.1　ジブラルタル海峡の ASTER 画像（2005.12.17, 2002.8.3）.

源は2億年前に現在のユーラシアとアフリカ大陸の間に広がった温暖なテチス海である．それは大西洋が分裂を始めるときのプレートの運動に伴ってつくられた地中海を通る東西の大きなへこみである．このへこみは，西側でアフリカ大陸が，東側でインド大陸が北上して衝突し次第に狭まっていく．その結果，このへこみは浅い海から深い海になり，そして隆起したアルプスやモロッコなどの周辺の山地からの土砂で埋もれ，海は小さく狭くなり現在の地中海が残った．500～600万年前ころにこのジブラルタル海峡に大事件がおこる．外洋の海水準が下がって海峡が陸化し，地中海が孤立したのだ．地中海の海水は2000年くらいで蒸発して，地中海が干上がってしまった．この時に蒸発してできた石膏や岩塩が地中海の海底から多量に見つかっている．外洋の海水準がもとに戻ったのは50万年後である．この時のジブラルタル海峡は大西洋から流れ込む海水が，ナイアガラやイグアスの滝のようになって干上がっていた地中海に流れ落ちたに違いない．ジブラルタル海峡が大洪水の堰となったこの事件で，地中海は現在の姿になっていった．

■ 参考図書

相木秀則(2005)：地中海水レンズ渦の連続形成に関する数値的研究．ながれ, 24, 255-261.
阿久井喜孝(2004)：ジブラルタル海峡．地中海の水辺, 25, 地中海学会月報, 266, 4-5.
Baringer, M.O. and Price, J.F.（1999）: A review of the physical oceanography of the Mediterranean outflow. *Marine Geology*, 155, 63-82.
Bosence, D.W.J., Wood, J.L., Rose, E.P.F. and Qing. H.（2000）: Low- and high-frequency sea-level changes control peritidal carbonate cycles, facies and dolomitization in the Rock of Gibraltar (Early Jurassic, Iberian Peninsula). *Journal of the Geol. Soc.*, 157, 61-74.
Fadil, A. *et al.*(2006): Active tectonics of the western Mediterranean: Geodetic evidence for rollback of a delaminated subcontinental lithospheric slab beneath the Rif Mountains, Morocco. *Geology*, 34, 529-532.
Gutscher, M.A. *et al.*（2002）: Evidence for active suduction beneath Gibraltar. *Geology*, 30, 1071-1074.
松任谷滋(1999)：物語―モロッコの地質．地質ニュース, 540, 21-30.
Nunn, J.A. and Harris, N.B.（2007）: Subsurface seepage of sea water across a barrier: A source of water and salt to peripheral salt basins. *GSA Bulletin*, 119, 1201-1217.

図18.2 ジブラルタル海峡の語源となったタリクの山（撮影：種村実穂）
英領ジブラルタルにある"ヘラクレスの柱"の1つで標高426 mの石灰岩峰．ジュラ紀のドロマイト化した化石を含む石灰岩からなる．北アフリカ原産のバーバリー猿が生息する．

図18.3 ジブラルタル海峡周辺のASTER鳥瞰図（東から西を望む）

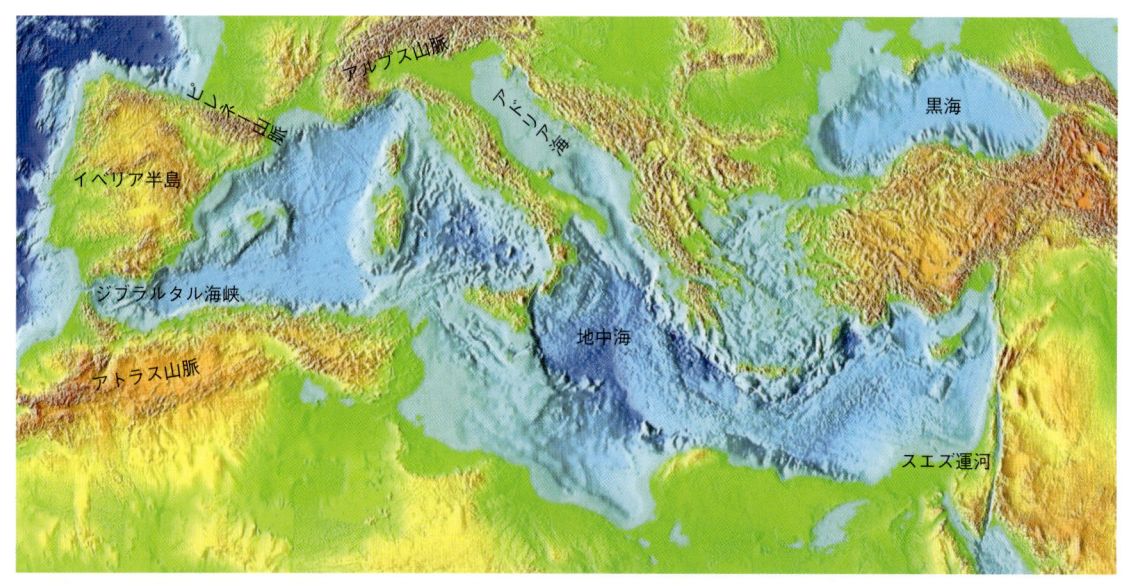

図18.4 地中海地域の陸上と海底地形（NASA/GSFC, MODIS Rapid Response）．ジブラルタル海峡が広大な地中海，アドリア海，黒海の外洋へ通じる唯一の通路である．人工的につくられたスエズ運河は紅海をへてインド洋に通じる．北アフリカのモロッコのアトラス山脈からジブラルタル海峡を経て，イベリア半島の山地からさらにピレネー山脈からアルプス山脈へと造山帯が伸びる．

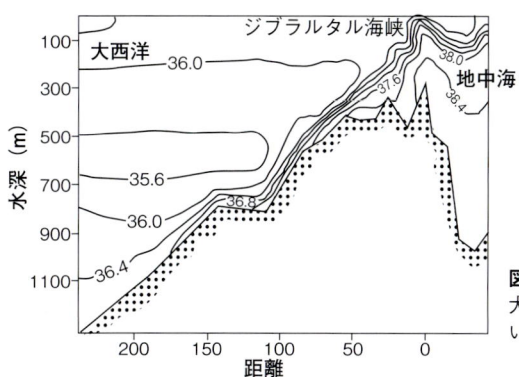

図18.5 ジブラルタル海峡での海水の塩分濃度（‰）
大西洋の海水の下に地中海起源の高い塩分濃度の海水が流れ出ている様子がわかる．（Baringer and Price（1999）による）

19 リアス式海岸
——間氷期のスナップショット

　リアス式海岸とは岬と入り江が交互に繰り返して，海岸線が凹凸に富む出入りの激しい海岸地形のことである．リアス式の名称は，イベリア半島北部を東西方向に伸びるカンタブリカ山脈が大西洋とぶつかる部分（スペイン北西部のガリシア地方）に，入り江（リア）が多数存在することに因んで，ドイツの地理学者リヒトホーヘンが命名したものである．

　リアス式というと何かきわめて珍しい，あるいは特殊な成因でできた地形と思われるかもしれないが，このような海岸地形は，スペインに限らず，世界の至る所に認められる，ごくありふれた地形なのである．その理由は，この地形が地質時代からの地球の気候変化と大いに関連しているからである．

　現在の地球は，氷河期の後の急速な温暖化のピークの時期にあたっている．一方，約2万年前には氷河期のピーク（最終氷期最盛期）があり，この時期には北半球の極地域に近い大陸上に巨大な氷床（ヨーロッパのスカンジナヴィア氷床と北米のローレンタイド氷床）が発達していた．氷床ができる時，海から蒸発した水は雪や氷となって一部が陸上にトラップされてしまう．そのため，海に戻ってくる水の量が減って，最終氷期最盛期の海水準は現在より100m以上低くなっていた．このとき，氷床ができなかった地域の沿岸部では，低下した海水準に合わせて河川の下刻・侵食が起き，谷が形成された．

　その後，氷河期が終わり地球は急速に温暖化した．大陸氷床は融けてなくなり，大量の水が海に戻り，海水準は上昇した．このとき，氷期に掘られた沿岸部の谷の中に海水が急速に侵入し，内陸に細長く伸びるおぼれ谷が作られたのである．おぼれ谷は，上流からの土砂供給量が多いところではやがて埋め立てられる．沿岸流による海岸沿いの土砂移動量の多いところでは湾口が砂州でふさがれ，内側に潟湖ができて，やがて低湿地化することが多い．しかし，谷の流域面積が小さく，硬い岩石が沿岸に露出する地域では，土砂の供給量や移動量が少ないため，湾奥からの埋め立てが進まず，おぼれ谷の状況が長く続くのである．リアス式海岸とは実はこのように，海進でおぼれ谷化したが，その後，埋め立ての進んでいない海岸のことである．

　スカンジナヴィア半島など，かつて大陸氷床に覆われていた地域に見られるフィヨルドも，谷を削った原因が氷河であることを除けば，リアス式海岸と同じ形成プロセスを経て現在の姿になっている．

　リアス式海岸は，海水準の安定が続けば上流からの土砂でやがては埋め立てられて平地になるし，将来，寒冷化が始まって海水準が低下すれば，海が後退して干上がった谷が現れることになる．つまり，時々刻々変化する地球環境の中で，リアス式海岸は間氷期（温暖期）のスナップショットであり，現在の姿がいつまでも続くわけではないのである．

　図19.1は紀伊半島東部，伊勢・志摩地域のASTER画像である．緑色に見えるのは山地などの急斜面地域，白色は平野や台地などの平坦地が広がる地域である．熊野灘に面する南東海岸地域には，五ヶ所湾や贄湾などで代表される，出入りの激しい典型的なリアス式海岸が発達する．白色で示される低地は湾奥部に点々と認められるだけである．これは図19.2に示すように，伊勢湾側に流れる河川との分水界が著しく半島の南岸沿いに偏り，熊野灘に流れるそれぞれの谷の流域面積が小さいので，土砂の供

リアス式海岸——間氷期のスナップショット　*81*

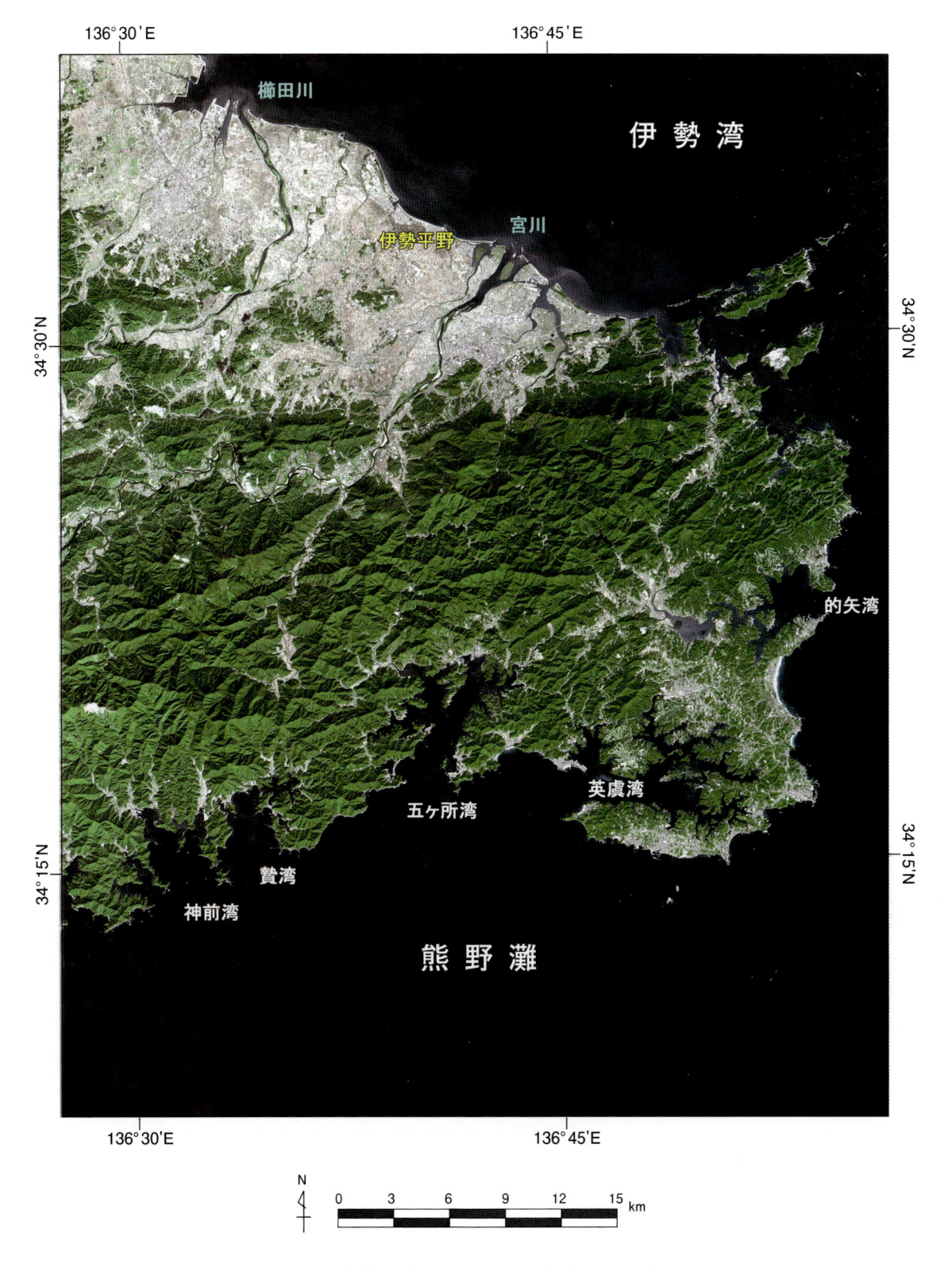

図 19.1　伊勢・志摩地域の ASTER 画像 (2003.10.30)

給量が少なくて埋め立てが進まないためである．東端部の志摩半島に見られる海岸沿いの白色部分は，12.5万年前の最終間氷期に作られた海岸段丘である．現在とほぼ同じ海水準高度の時に埋め立てられた海岸平野の一部が，その後の地震性地殻変動などで隆起し，周囲が侵食されて狭い平坦面を残す台地となったものである．

　2.5万分の1地形図を見ると，五ヶ所湾湾口付近の相賀浦には，小さな入り江の出口に天橋立様の砂州ができ，内側には大池と呼ばれる潟湖が作られている（図19.3）．また，贄湾の阿曽浦では陸繋島が形成されている（図19.4）．これらは，海面高度の安定が長く続く中でリアス式海岸が消滅していく過程を示すものである（図19.5）．

　これに対し，伊勢湾に面する北東海岸部は伊勢平野が広がっている．これは紀伊半島東部に広い流域をもつ宮川や櫛田川が下流域に大量の土砂をもたらしたため，出入りの激しい谷と尾根の部分が埋め立てられ，平野が海側に張り出したものである．その証拠に，この平野の山地と低地の境界部は，尾根が平野側に長く張り出したり，埋め残された孤立丘が存在するなど出入りに富んでおり，海進の初期にはこの地域にもリアス式海岸が形成されていたのだろう．

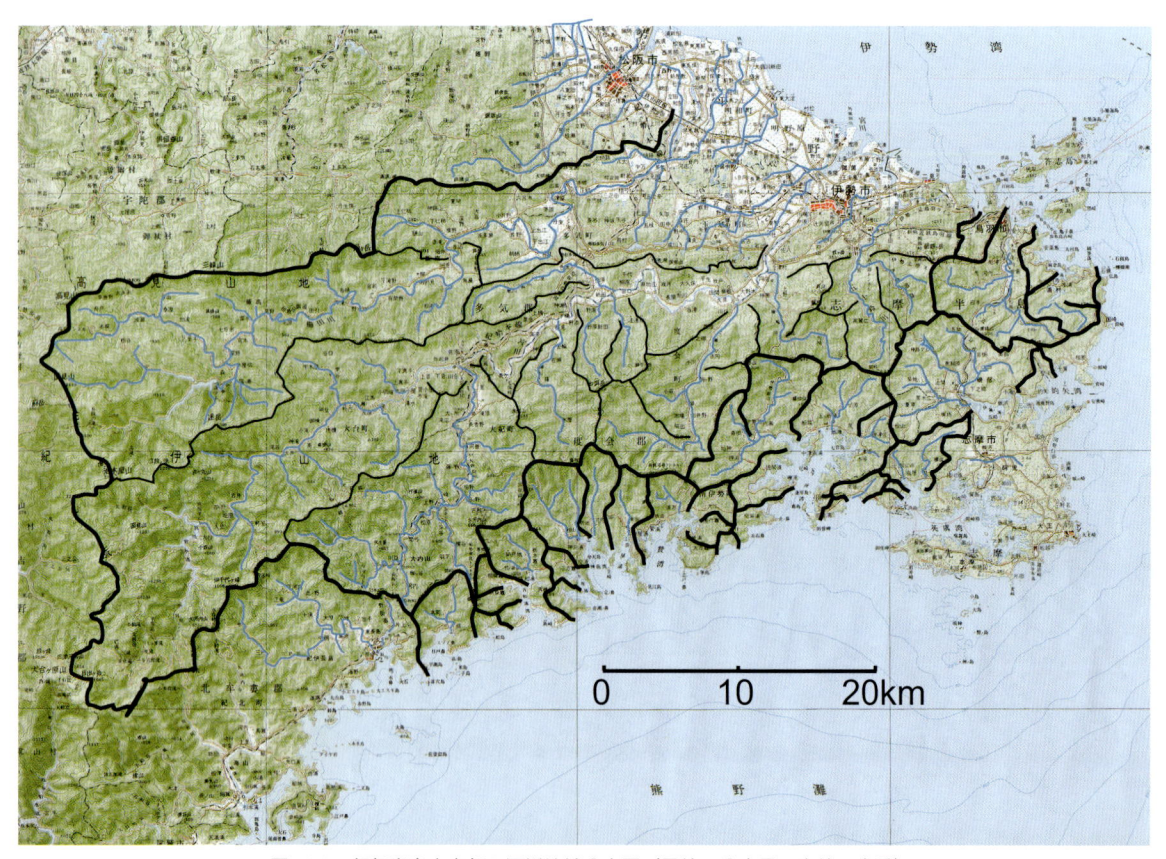

図19.2　紀伊半島南東部の河川流域分布図（黒線：分水界，青線：水系）
国土地理院発行の1/20万地勢図「伊勢」に分水界，水系を加筆．五ヶ所湾の相賀浦で湾口に作られた砂州が，贄湾の阿曽浦付近では陸繋島が作られ，リアス式海岸が徐々に埋められつつある．

リアス式海岸——間氷期のスナップショット　83

図19.3 相賀浦で湾口に作られた砂州
国土地理院発行の2.5万分の1地形図「相賀浦」の一部.

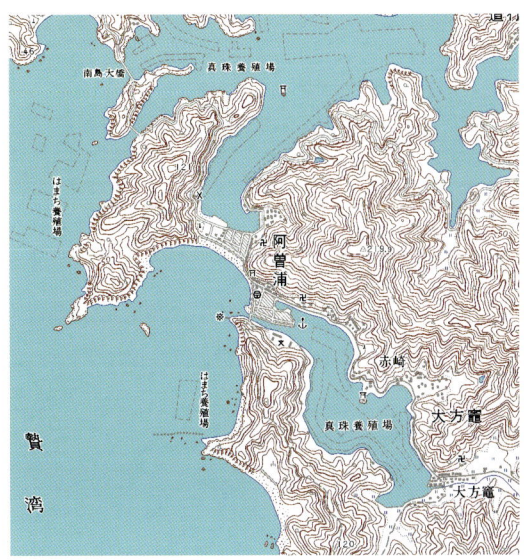

図19.4 阿曽浦の陸繋島と南側の湾口をふさぐ砂州
国土地理院発行の2.5万分の1地形図「贄浦」の一部.

図19.5 紀伊半島南東部，贄湾〜五ヶ所湾付近のASTER鳥瞰図（南から北を望む．2003.10.30）
起伏に富む山地が海に迫り，低地は海岸沿いと山地内の谷底にわずかに広がるだけである.

20 半地溝：長野盆地
——傾動地塊運動による盆地の形成

　長野盆地は，フォッサマグナに位置する典型的な内陸盆地である．盆地の規模は北東−南西方向に伸びる長軸が約 40 km，中央部の短軸が約 10 km の紡錘形を示し，面積は約 250 km² である（図 20.1）．盆地内の平坦な地形は古くから"善光寺平"と呼ばれ，その標高は 330 〜 400 m を示す．盆地中央部を緩やかに縦断する千曲川の標高は，南端部の千曲市屋代で 360 m，北端部の中野市立ヶ花で 330 m である．この盆地内の平坦地は，千曲川の両岸に広がる氾濫原と東西の山地から流れ込む河川がつくる扇状地とからなる（図 20.2）．

　長野盆地の地形特徴は東西の盆地縁によく現れている．盆地の輪郭は西縁部では弧状あるいは直線状を示し，盆地平坦地と山地が直線的な境界線で接している（図 20.3, 20.4）．一方，東縁部の境界は屈曲に富み，河東山地の尾根が等間隔に盆地側に突き出し，その間を扇状地の堆積物が埋め，リアス式の海岸様を示している（図 20.1, 20.2）．

　西縁部には明瞭な活断層が数多く分布する（図 20.2, 20.5）．西縁部における階段状地形の段と段，丘陵と丘陵との間には活断層が走り，西縁に沿って伸びる丘陵の方向は活断層と並行している．活断層の多くは，西上がり東落ちの逆断層で，西側山地の隆起を伴っている（赤羽，1982）．これらの長野盆地西縁活断層系は，1,000 年に一度位の頻度で活動し，1847 年の善光寺地震（M7.4）はこれらの最新の活動によって発生した．

　東縁部に分布する主要な夜間瀬川・松川・百々川の各扇状地には，更新世後期以降の各時期の扇状地が発達する．これら古期扇状地は開析扇状地となり，深い谷が形成されている．扇状地は新期のものほど扇状地面の傾きが緩くなる傾向がある．また，各時期の扇頂部は，時代が新しくなるほど盆地寄りに位置するようになる（赤羽，1992）．

　盆地内の堆積物は，西縁部に近い長野市街地（権堂町）の温泉ボーリングによって，地下 765 m まで扇状地性の堆積物であることが確認された．また，この権堂町の標高が 365 m であることから，ボーリング底の標高は海面下 400 m となり，長野盆地形成初期は陸地であったことから，盆地形成以後に少なくとも 400 m 沈降したことも確実となった（赤羽，1997）．さらに，各種のデータから東西方向での盆地下の堆積物は，図 20.5 のようにどこでも西側ほど厚くなることがわかってきた（赤羽，1999）．

　盆地西縁部の活断層を境に，40 〜 50 万年前の盆地形成初期よりその西側山地は約 1,000 m 隆起し，活断層東側の盆地では 400 m 以上の沈降，東の河東山地では隆起と共に火山活動が活発に行われた（図 20.7）．この長野盆地の基盤と河東山地とが一体となる地塊は，西側が沈降し東側が隆起するという傾動地塊運動を続けた結果，現在の長野盆地の半地溝（ハーフグラーベン構造）が形成され，堆積物が 800 m 前後の厚さとなった（赤羽，1994）．

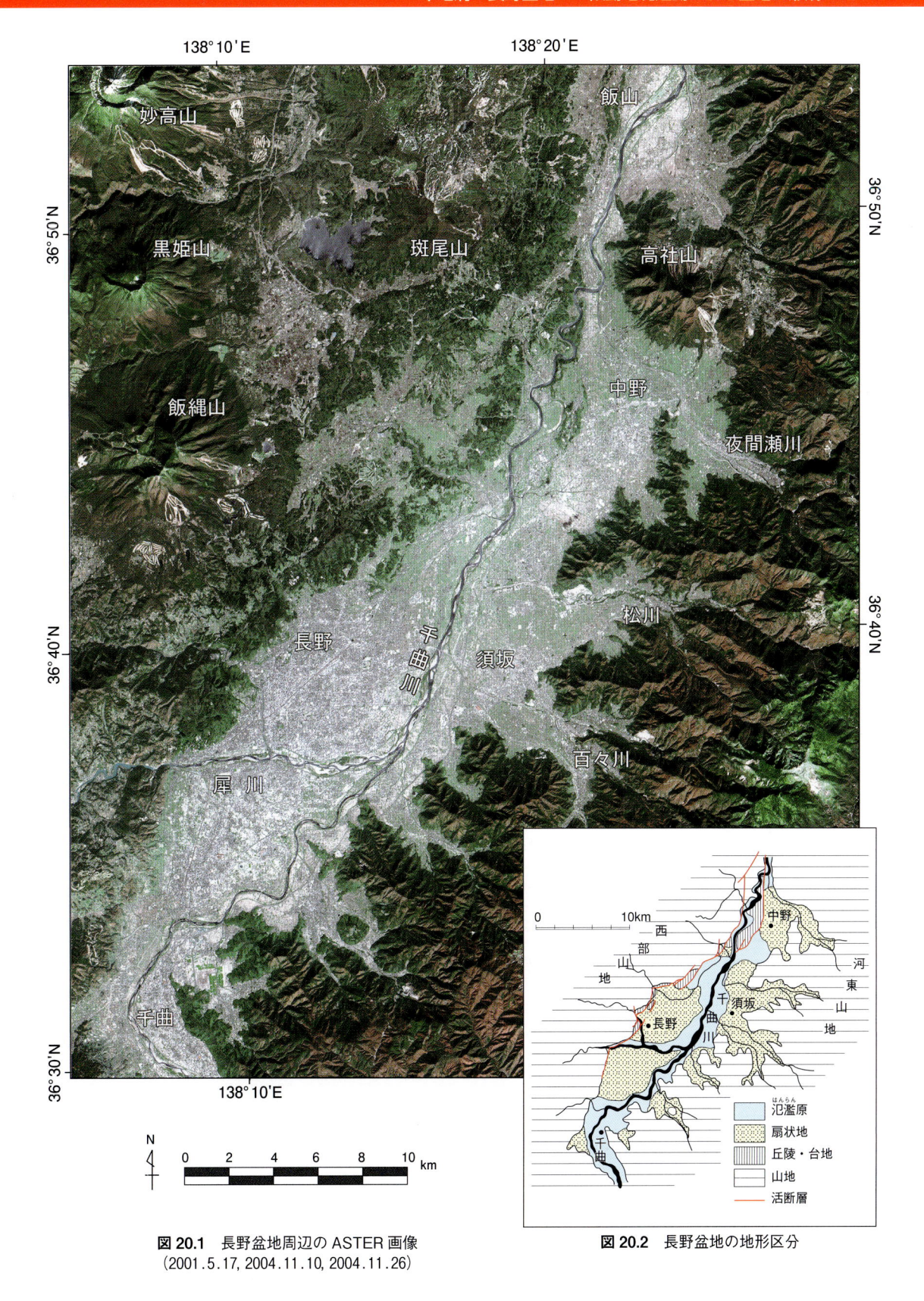

半地溝：長野盆地——傾動地塊運動による盆地の形成　85

図20.1　長野盆地周辺のASTER画像
（2001.5.17, 2004.11.10, 2004.11.26）

図20.2　長野盆地の地形区分

■ 文　献

赤羽貞幸（1982）：長野盆地西縁部における地質構造と丘陵の形成過程．地団研専報，No.24，169-179.
赤羽貞幸（1994）：長野盆地は生きている．大地が語る信州の4億年，郷土出版，241-259.
赤羽貞幸（1997）：盆地の地質．長野市誌，第1巻，自然編，66-74.
赤羽貞幸（1999）：長野盆地の傾動沈降と堆積作用．地団研53回シンポジウム要旨集，83-84.

図20.3　長野盆地西縁部における開析の進んだ断層崖（川中島の犀川河川敷から北を望む）（撮影：赤羽貞幸）

図20.4　長野盆地南部、中央に90°向きを変える千曲川（高速道姨捨PAから北を望む）（撮影：赤羽貞幸）

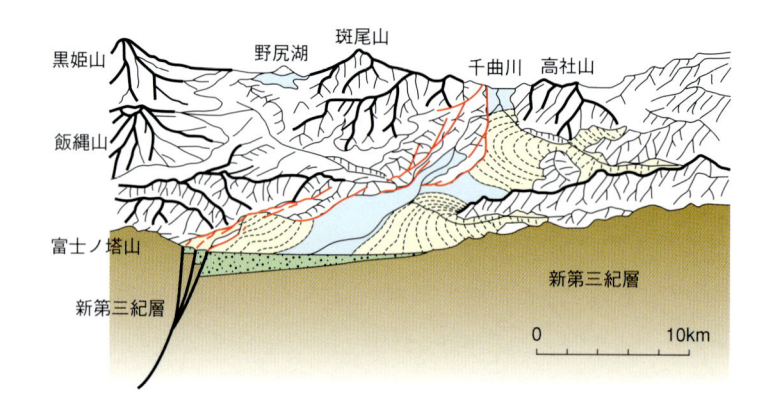

図20.5　長野盆地のブロックダイアグラム

半地溝：長野盆地——傾動地塊運動による盆地の形成

図20.6 長野盆地のASTER鳥瞰図（南東から北西を望む．2001.5.17, 2004.11.10, 2004.11.26）

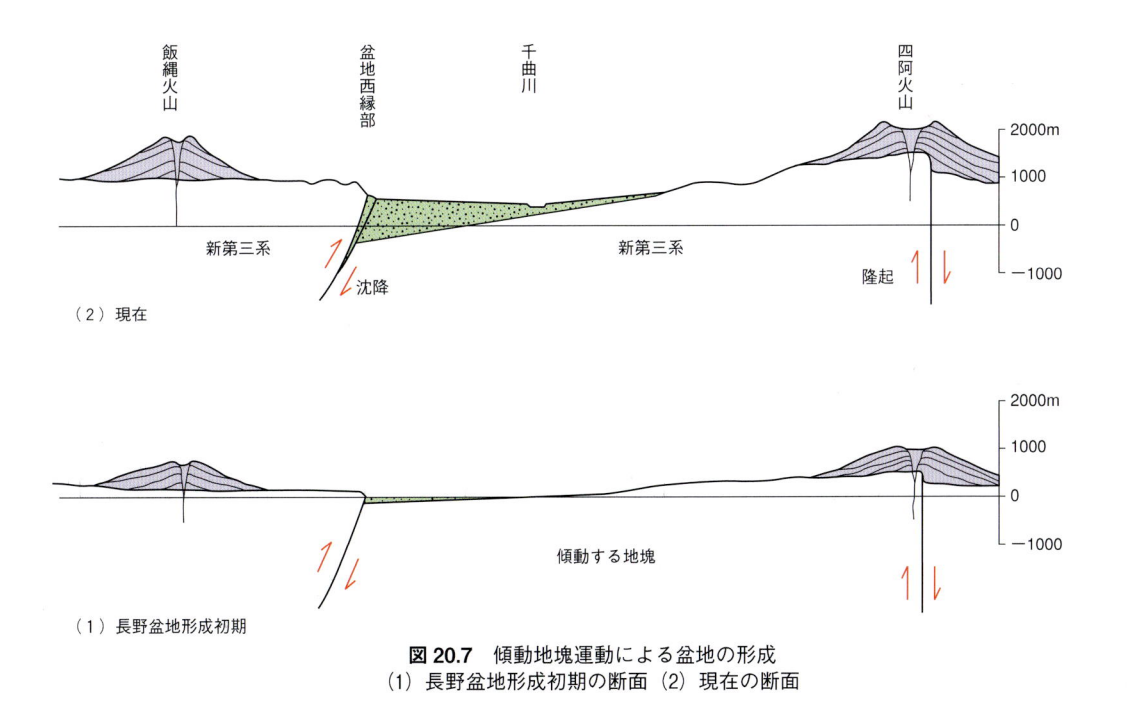

（2）現在

（1）長野盆地形成初期

図20.7 傾動地塊運動による盆地の形成
（1）長野盆地形成初期の断面 （2）現在の断面

21 フォッサマグナ西縁を画する 糸魚川-静岡構造線
―― 本州を縦断する大断層

　本州中央部を縦断する糸魚川 – 静岡構造線（矢部，1918命名．以下，糸静線）は，日本列島の地質図に最も明瞭に表れ，ASTER画像（図21.1）でも通過経路を追うことができる大断層である．また，糸静線は，フォッサマグナ（Fossa Magna：ラテン語で「大きな溝」の意味．Naumann，1886）の西縁断層でもある．陸上では，日本海側の糸魚川市から太平洋側の静岡市まで約250 kmの長さをもち，断層に沿う変位は東落ち6,000 m以上である（図21.3, 21.4．立石，1989）．糸静線は，日本列島がユーラシア大陸から分離していく過程（新生代中新世［約2000万～1500万年前］）で，東落ちの正断層として発生・成長し，その後の圧縮場において，逆断層・横すべり断層として再活動を始め現在に至っている．

　当初，フォッサマグナは，中・古生界からなる赤石山脈と関東山地の間に位置し，火山列を伴う新生界からなる南北の低地帯として認識された（図21.3）．ナウマンが提唱したフォッサマグナ東縁は，関東山地西縁では明瞭であるが，それより北方と南方では明瞭でない（図21.2）．中・古生界との明瞭な境界線を東側に求めると，新発田 – 小出構造線（山下，1970）と柏崎 – 千葉構造線（山下編著，1995）になり，ここまでを拡張してフォッサマグナと呼ぶこともある（図21.3．植村，1988）．

　フォッサマグナは，周囲の地形とよい対照をなしている．フォッサマグナの内部には，南から北へ，天城山・箱根山・富士山・八ヶ岳・飯縄山・黒姫山・妙高山・新潟焼山などの第四紀火山が並ぶ．これらは，なだらかな斜面をつくり，それがフォッサマグナ内部の際立った地形的特徴となっている．火山噴出物におおわれていない山々は，主にフォッサマグナが海底であった時代の堆積物からなる（図21.5, 21.6）．

　糸静線の西側は，ほぼ北北東方向に赤石山脈，伊那山地，木曽山脈，飛騨山脈などが連なる（図21.2）．これらをつくる中・古生界の岩石配列は，山地の伸びの方向とおおむね一致する．一方，フォッサマグナ東側の関東山地をつくる中・古生界の岩石配列は，山地の伸びと同じ西北西方向である（図21.2）．このように，ナウマンのフォッサマグナをはさんで，「ハの字」型に中・古生界の岩石配列が向き合っている．

　富士山東方に丹沢山地，南方に伊豆半島がある．これらはかつて小笠原諸島へ続く島弧を形成していた一部であり，丹沢地塊が関東山地に（約500万年前），伊豆地塊が丹沢地塊に（約100万年前），それぞれ衝突して形成されたものとされる（杉村，1972；新妻，1991）．また，富士山北方の御坂山地，さらに北西方の巨摩山地も，衝突地塊であると指摘されている（天野，1986）．これらの衝突によって，もともと同一方向であった赤石山脈と関東山地の岩石配列が，「ハの字型」に向き合うように回転した．ナウマンは，すでにフォッサマグナを，七島山脈（伊豆 – 小笠原の島列）と日本弧の衝突に伴う開裂と考え，南北方向の火山列が生じたと解釈していた（Naumann，1885）．

　第四紀になると，現在のプレート配置ができあがり，中部日本が圧縮の場に置かれ隆起に転じた．既存の糸静線は，新たな運動をはじめ，北部（小谷村 – 松本市）では東側上がりの逆断層（図21.7），中

フォッサマグナ西縁を画する糸魚川-静岡構造線——本州を縦断する大断層

図 21.1 フォッサマグナの ASTER 画像（2001～2008 に撮影された 30 シーン以上を合成）

部（松本市-韮崎市）では左横すべり断層,南部（韮崎市-身延町）では西側上がりの逆断層となった（活断層研究会,1995編）．これらが,内陸型地震を起こすとされる糸静線活断層系である．糸静線活断層系は,地質境界断層としての糸静線とは厳密には一致しない．

■ 文　献

天野一男（1986）：多重衝突帯としての南部フォッサマグナ．月刊地球, 8, 581-585.
活断層研究会編（1991）：新版　日本の活断層-分布図と資料．東京大学出版会．437p.
新妻信明（1991）：駿河トラフにおけるプレート沈み込みと南部フォッサマグナの地質．月刊地球号外, No.3, 174-179.
日本地質アトラス（第2版）編集委員会（1992）：日本地質アトラス第2版．朝倉書店．
Naumann, E.（1985）：Ueber den Bau und die Entstehung der japanischen Inseln. 91S. R. Friedländer & Sohn. Berlin.
Naumann, E.（1886）：Ueber meine topographische und geologische Landesaufnahme Japans. Verhandlungen des Sechsten Deutschen Geographentages zu Dresden, 14-28.
杉村　新（1972）：日本付近におけるプレート境界．科学, 42, 192-202.
立石雅昭（1989）：堆積相からみた中新世の北部フォッサマグナ．月刊地球, 11, 560-564.
植村　武（1988）：総説．日本の地質4　中部地方Ⅰ, 共立出版, 1-4.
矢部長克（1918）：糸魚川静岡地構線．現代之科学, 147-150.
山下　昇（1970）：柏崎-銚子線の提唱．星野通平・青木　斌編「島弧と海洋」, 東海大学出版会, 179-191.
山下　昇編著（1995）：フォッサマグナ．東海大学出版会, 310p.

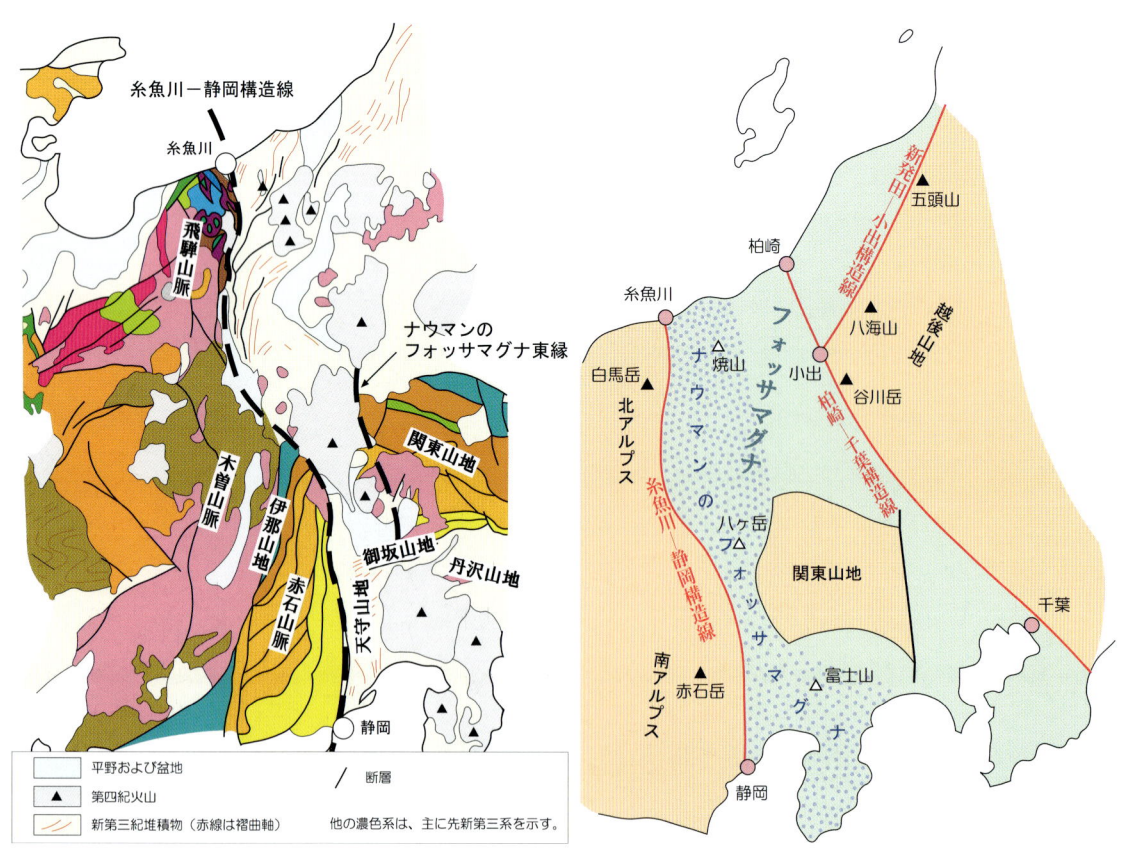

図21.2　フォッサマグナ周辺の地質図（日本地質アトラス（第2版）編集委員会, 1992を簡略化）

図21.3　2つのフォッサマグナの関係図

図21.4 糸魚川-静岡構造線断層露頭（糸魚川露頭）（撮影：竹之内耕）

図21.5 枕状溶岩（撮影：竹之内耕）．中期中新世（糸魚川市フォッサマグナパーク）

図21.6 砂岩泥岩互層（撮影：竹之内耕）．中期中新世（糸魚川市西飛山）

図21.7 糸魚川－静岡構造線活断層系神城断層（長野県白馬村堀之内のトレンチ調査，撮影：宮島　宏）東側上がりの逆断層を示す．

22 松本盆地・北アルプスと周辺の地形 ――東北日本弧と西南日本弧の会合部

　松本盆地および周辺の山岳・丘陵地域は本州弧のほぼ中央に位置する．すなわち北北東-南南西ないし南北性の東北日本弧と，東北東-西南西ないし東西性の西南日本弧との会合部に相当する（図22.1）．日本有数の構造性の山間盆地の1つである長野県下の松本盆地は，第四紀更新世中期に形成され，「安曇野」とも称されている．ほぼ南北に細長く伸びており南北約50km，東西最大幅約15kmで，盆地の最も低いところは明科付近で標高500mほどである（図22.2, 22.3）．盆地北半部を南流する高瀬川やその支流は明科付近で合流して向きを変え，東方の山地を貫流する犀川に注ぎ北流して日本海に注ぐ．盆地のほぼ中央部に新第三紀以降の地質学的な東西日本の境界を画す糸魚川-静岡構造線が伏在し，南北に走っているが扇状地堆積物に覆われ地表には表れていない．

　本盆地西方の山岳地域である「飛騨山脈」は「北アルプス」とも称され，白馬岳・槍ヶ岳・常念岳など2,500〜3,000m級の高山が連続する（図22.4, 22.5 ⇨ 15章）．これらは，中・古生界や花崗岩類をはじめ地質学的に西南日本に属する先新第三紀層からなっている．その東麓に発達する大規模な複合扇状地に示されるように，第四紀に1,700m以上も急激に隆起している．

　盆地北半部東方の中山丘陵〜筑摩山地は新第三紀中新世以降の海〜陸成の地層などが広く分布し，激しい褶曲断層変形を受けている．これらを切る「大峰面」と称される高位小起伏面やそれに対比される平頂峰や平坦な尾根の残存から，この構造運動は更新世前期には終了し，海水準付近まで侵食平坦化された後，1,000mほど隆起したことが推定される．

　松本盆地は，大峰面形成後に現盆地の東西両縁を画す南北性断層群に挟まれた地域が相対的に陥没・沈降して形成され始めたもので，その傾向は現在までも続き，松本盆地東縁には完新世の段丘と小規模な扇状地が数多く発達し，一部に高角の逆活断層の発達が見られる．また，盆地南半部には上部更新世後期に造られた河岸段丘が広く分布する．盆地内はいずれも，激しく隆起した盆地周辺地域から大量に供給された礫などの粗粒堆積物によって埋積されている．

　松本盆地北方の仁科三湖の1つである青木湖の北岸はいわゆる分水嶺で，ここから北の日本海に向けて姫川が流下する．その上流域には更新世中期以降の河岸段丘や扇状地が発達し，その一部（例えば神城盆地辺縁）は活断層地形を呈している（図22.6）．

　また周辺では御岳や立山起源のローム層が広く分布している．

■ 文　献

加藤碩一, 佐藤岱生（1983）：信濃池田地域の地質．地域地質研究報告5万分の1図幅，地質調査所，93p.
松本盆地団研グループ（1977）：松本盆地の第四紀地質―松本盆地の形成に関する研究（3）―．地質学論集, 14, 93-102.
日本の地質『中部地方Ⅰ』編集委員会（1988）：日本の地質4 中部地方Ⅰ．共立出版, 332p.
産業技術総合研究所地質調査総合センター（編）（2007）：20万分の1日本シームレス地質図データベース詳細版（2007年5月12日版）．
情報公開データベースDB084, 産業技術総合研究所地質調査総合センター．

松本盆地・北アルプスと周辺の地形──東北日本弧と西南日本弧の会合部

図22.1 松本盆地を含む北部フォッサマグナのASTER画像
（2004.11.10, 2004.11.26, 2006.10.15, 2006.10.31の9シーンを合成）

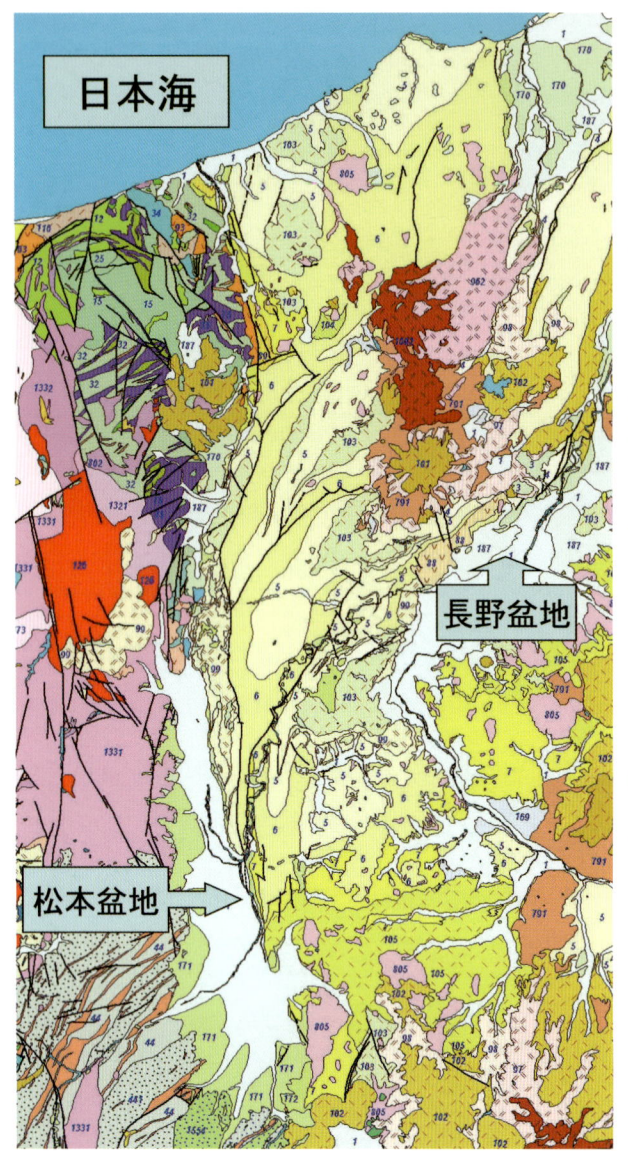

図22.2 松本盆地を含む北部フォッサマグナの地質図（産総研地質調査総合センター編, 2007）
北アルプス側の赤〜ピンク色系はおもに先新第三紀の深成岩類, 松本盆地東方の黄色系は新第三紀の堆積岩や火砕岩類. 番号は詳細な地質を表すが省略.

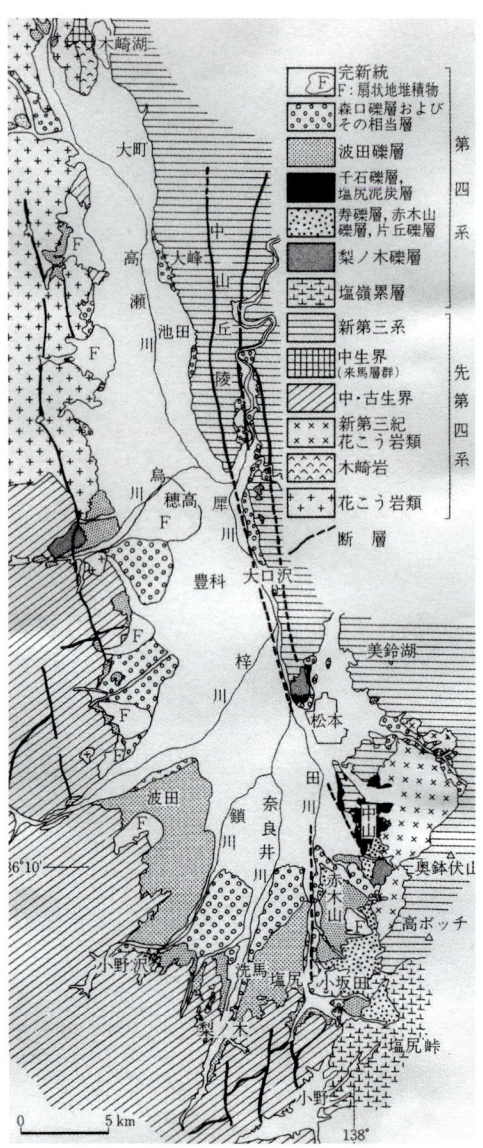

図22.3 松本盆地付近の地質・地形略図（松本盆地団研グループ, 1997）

松本盆地・北アルプスと周辺の地形──東北日本弧と西南日本弧の会合部　95

図 22.4　北アルプスの ASTER 鳥瞰図（東から西を望む．2006.10.31）

図 22.5　八方尾根から見た白馬三山
左から白馬鑓ガ岳，杓子岳，白馬岳（撮影：山口　靖）．

図 22.6　松本盆地北方姫川最上流域の神城盆地の活断層地形（低断層崖）（撮影：加藤碵一）

23 エルジンジャン盆地
――北アナトリア断層によるプル・アパート・ベイスン

　トルコの大部分が位置するアナトリア半島を北側に緩く突出する弧状を呈して，ほぼ東西に総延長約1,200 km以上に達する右横ずれ活断層である北アナトリア断層が走っている．本断層はいわゆる陸域のトランスフォーム断層に属するとみなされ，北側の黒海プレート，ユーラシアプレートの一部と南側のアナトリアプレートを境して活発な活動を続けている（図23.1, 23.2）．1939年にもM7.9のエルジンジャン地震をはじめ大規模な地震を生じていることが知られている．この地震による地震断層の総延長は300 km以上にも達し，その後も地震はほぼ東から西へと見かけ上断層に沿って震源移動をしていて，1999年に西部で大きな被害地震が発生したことは記憶に新しい．また，本断層沿いにいくつものプル・アパート・ベイスンが発達する．

　本断層東部の標高1,150～1,300 mほどに位置する山間盆地がエルジンジャン盆地で，西北西～東南東方向に長さ約50 km，幅10 kmにわたって細長く伸びている．周囲の山地は，標高2,500～3,500 mで盆地に向けて急峻な斜面を有しており，そこを流れる南北性の河川は，水量は少ないが盆地辺縁部に扇状地を発達させ，また地すべりを生じている．盆地北側では衝上断層で下位の鮮新世の礫層が上位の白亜紀後期のオフィオライトに接しており（盆地発生の前段階），南側ではやや不明瞭だが一部断層～不整合で同蛇紋岩に重なっている．盆地辺縁部に位置する鮮新世以降の陸成粗粒堆積物の分布は，その後の横ずれ断層活動に規制されており，断層近傍では変形を受けて垂直に近い部分もある．盆地発生前期は別として，鮮新世以降の北アナトリア活断層の横ずれ活動が現在の本盆地形成に関与したプル・アパート・ベイスンとみなされる（図23.3, 23.4）．この断層は，いくつかのセグメントに区分され（図23.5），右横ずれが卓越するが，丘陵部の変位から南側が最大約30 m隆起していることが推定される．盆地発生の第一段階は，現盆地東半部の形成で，この段階での北アナトリア断層の右横ずれ変位は22±3 kmと推定される．第二段階（3～3.5 Ma）は盆地南東部の断層セグメントによる盆地の拡大で，この段階での北アナトリア断層の右横ずれ変位は約13 kmと推定される．

　北縁を画する北アナトリア断層に沿ってよく発達する扇状地の扇央部を連ねる縁辺上に，多様な岩質の第四紀火山岩類からなるいくつもの単成火山が，直線的に配列しているのが特異的である（図23.6）．一部の比高数百メートル程度の火山体頂部にはローマ時代の石造遺跡があり，現在の火山活動は終止している．北縁部の西端には一部段丘が発達する．盆地内はフラト川の網状河川が発達し，合流して盆地南西端から南方に流出してメソポタミア地方を流れるユーフラテス川の源流の1つとなっている．南縁は，3～4°程度のきわめて緩い傾斜をもつ沖積扇状地が発達し，断層セグメント上の火山も1つだけである．南東部にはトラバーチンの沈積が広く見られる．

■ 文　献

Barka, A. A. and Gulen, L. (1989): Complex evolution of the Erzincan Basin (eastern Turkey). *Jour. Struct. Geology*, 11, 275-283.
加藤碩一 (1984)：北アナトリア断層（トルコ）東部地域の地震断層について．地学雑誌, 93, 17-33.
加藤碩一 (1991)：トルコ東部のプルアパートベイスン．構造地質, 36, 65-75.

エルジンジャン盆地——北アナトリア断層によるプル・アパート・ベイスン　**97**

図 23.1　エルジンジャン盆地周辺の ASTER 画像（2002.9.25, 2003.10.7 の 4 シーンを合成）

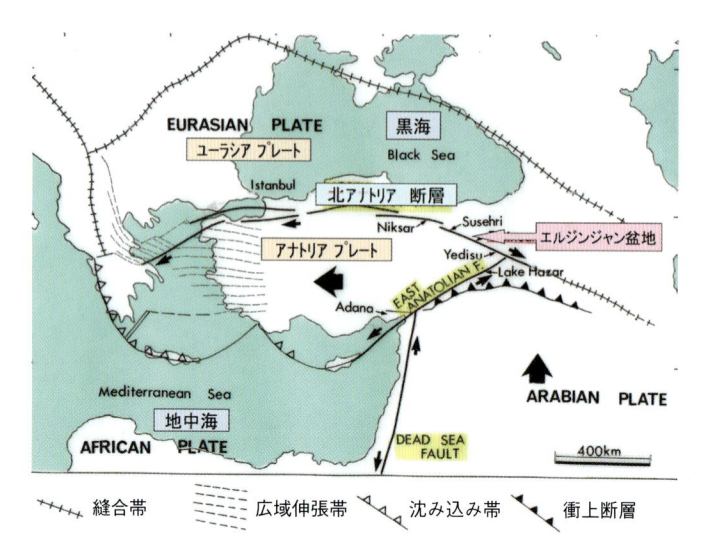

⌇⌇⌇⌇ 縫合帯　　⇢⇠ 広域伸張帯　　▽▽ 沈み込み帯　　▲▲ 衝上断層

図 23.2　トルコの構造図およびプル・アパート・ベイスン位置図（加藤, 1991 より）

図 23.3　エルジンジャン盆地北西方に延びる北アナトリア断層（矢印の凹谷部．右(北)側が黒海プレートで，左(南)側がアナトリアプレート）（撮影：加藤碩一）

図 23.4　エルジンジャン地震断層（バヒキセグメント）露頭（矢印が断層面）（撮影：加藤碩一）

エルジンジャン盆地──北アナトリア断層によるプル・アパート・ベイスン 99

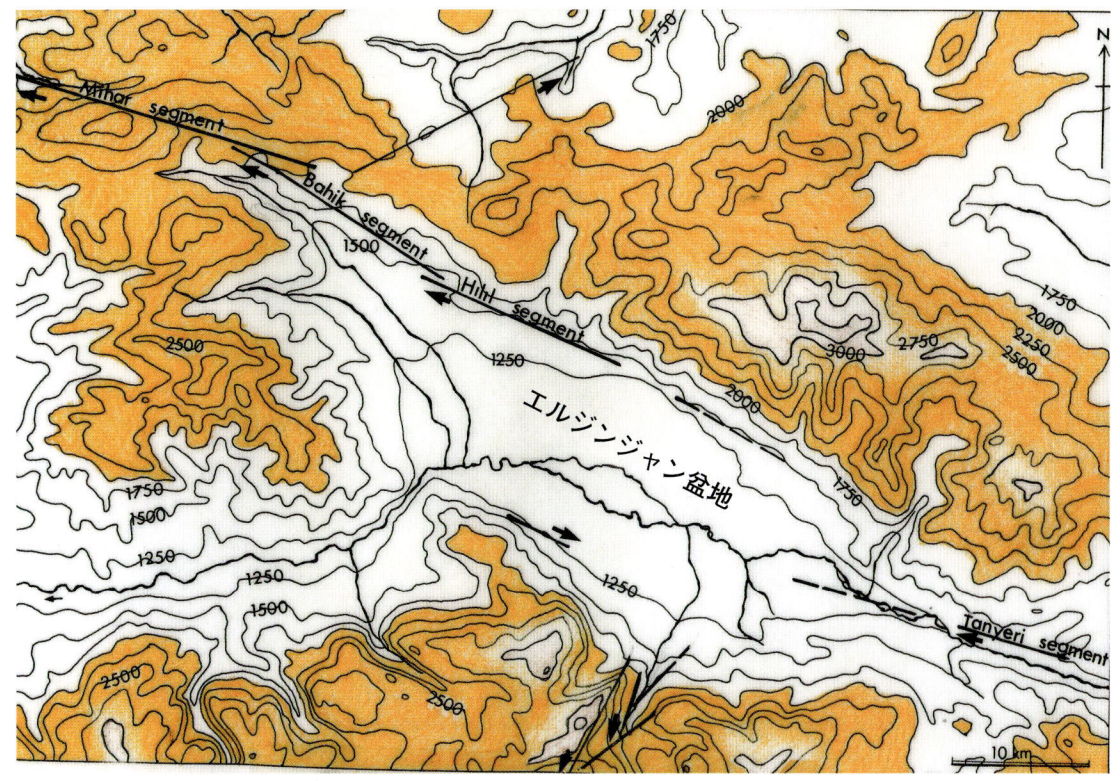

図23.5　エルジンジャン盆地の地形と断層セグメント位置図（加藤，1991より）

図23.6　盆地北縁部で鮮新世礫層上に衝上する白亜紀蛇紋岩（撮影：加藤碩一）

24 アファー低地
——引き裂かれていく大陸

　アフリカ大陸が引き裂かれて広がりつつあるところが，東アフリカ大地溝帯である．東アフリカ大地溝帯は，東部地溝帯，西部地溝帯，南部地溝帯の3列の地溝帯から構成され，東部地溝帯はさらに北から，アファー低地（アファー地溝帯），エチオピア地溝帯，ケニア（グレゴリー）地溝帯に分かれる．アフリカ大陸下には巨大なマントル対流の湧き上がりがあり，2つの広大なドーム状隆起部（エチオピアドームとケニアドーム）が生じた．上昇したマントル対流は大陸地殻下で東西方向に流れを変えて大陸地殻を引き裂き，ドーム状隆起部のほぼ中央部に地溝帯が形成された．アファー低地（図24.1）は，このように生まれた地溝帯の中で最も発達が進んだ段階にある．アファー低地の北縁を限り，アフリカ大陸とアラビア半島を隔てるアデン湾や紅海も，拡大するプレート境界である．アデン湾はインド洋中央海嶺から北西に伸びるカールスバーグ海嶺の西方延長にあたり，紅海はアラビア半島西端を南北に伸びる死海地溝帯から続く拡大するプレート境界である．したがって，アファー低地の北東端は，紅海，アデン湾，東アフリカ大地溝帯の，3つの拡大するプレート境界がぶつかる三重会合点であると考えられている（図24.2）．

　アファー低地では，約4,300万年前にドーム状隆起が始まるとともに大量の洪水玄武岩が噴出した．1,000〜2,000万年前にはそれらに引き続いて正断層運動が始まり，初期の地溝帯が形成された．この地溝底の一部には南北約100 km，東西20〜30 kmに達する広大な湖も広がり，そこに厚さ100 m以上の地層が堆積している（図24.3）．200〜300万年前以降になると，地溝帯中央を北東—南西走向に伸びるウォンジ断層帯を中心に正断層運動と火山活動が再び活発化し，地溝底の中にさらに小規模な地溝帯が発達した二重底構造を有するアファー低地が形成された．一方，アラビア半島は約2,000万年前から本格的に北上し始め，アデン湾，紅海の海洋底が拡大した．現在の三重会合点システムが成立したのは約1,000万年前以降であり，第四紀になってアファー低地の北東部で海洋プレートの形成が始まった．

　アファー低地は，エチオピア地溝帯と同じく北方ほど地溝底の高度を減じ，北西部に位置するダナキル丘陵と西エチオピア高原との間には，海面下の地域も見られる．サハラ砂漠東方の中緯度高圧帯に位置し，酷暑の日中最高気温は50℃を超え，年間降水量が250 mm未満の乾燥地帯となっている．植生は，アワシュ川などの外来河川沿いに潅木林や草地がわずかに広がる程度にすぎない（図24.1）．この低地では，地溝帯の拡大が始まった約2,000万年前以降，玄武岩質の溶岩流を噴出したり，スコリア丘を形成したりする穏やかな噴火活動（図24.4, 24.5）と，流紋岩質の火砕流や降下軽石を大量に噴出してカルデラを形成する爆発的な噴火活動が行われてきた（図24.6）．これらの火山噴出物は，河成堆積物や湖成堆積物とともに地溝底を埋め立てていった．アファー低地の北部では，第四紀以降も正断層運動による地溝底の拡大と玄武岩質溶岩の噴出が活発に起きており，引き裂かれた大陸地殻を埋めるように海洋地殻が生成されている．一方，アファー低地南部ではこうした地層が約300万年前以降の断層運動により相対的に隆起し，アワシュ川とその支流により深く下刻されて谷壁に露出している（図24.7）．とりわけ，厚い溶岩流や溶結凝灰岩など侵食に強い岩石が露出する地点では，節理や断層線に沿って選択

アファー低地──引き裂かれていく大陸 **101**

図 24.1 アファー低地（アファー地溝帯）の ASTER 画像（2007.11.16, 2008.8.14, 2008.10.17 の 9 シーンを合成）
アファー低地の中央部，エチオピアとジブチ国境周辺．中央の黒い部分がアビー湖で，アビー湖から上方へいくつかの湖沼が連なる．白っぽく見える部分は干上がった湖底や川底であり，緑をおびた場所は潅木林や草地など植生に覆われた地域である．

的に下刻が進み，大規模な滝や早瀬が形成された（図24.8）.

　アファー低地は，人類の誕生と初期進化の舞台でもあった．この地域からはカダバ猿人やラミダス猿人など，約440～570万年前に生息していた誕生初期の人類化石（アーデピテクス属）が産出する．ドーム状隆起後，地溝帯形成初期のアファー低地は，正断層により多数の地塊に分化したが，森林間にモザイク状に草原が分布する標高1,000 m以上の高地が広がり，そこが人類誕生の地となったと考えられている．これら初期人類は約300～420万年前にアウストラロピテクス属（アファール猿人など）へと進化し，さらに250万年前以降には現生人類（ホモ・サピエンス）の祖先になるホモ属が誕生した．この頃に人類が初めて使用した石器も，アファー低地南西部のゴナ遺跡などから出土している．

■ 文　献

諏訪兼位（1997）：裂ける大地　アフリカ大地溝帯の謎．講談社，256p.
Yirgu, C., Ebinger, C.J. and Maguire, P.K.H. (eds) (2006)：The Afar volcanic province within the East African Rift System. Geological Society, London, Special Publications, 259, 327p.

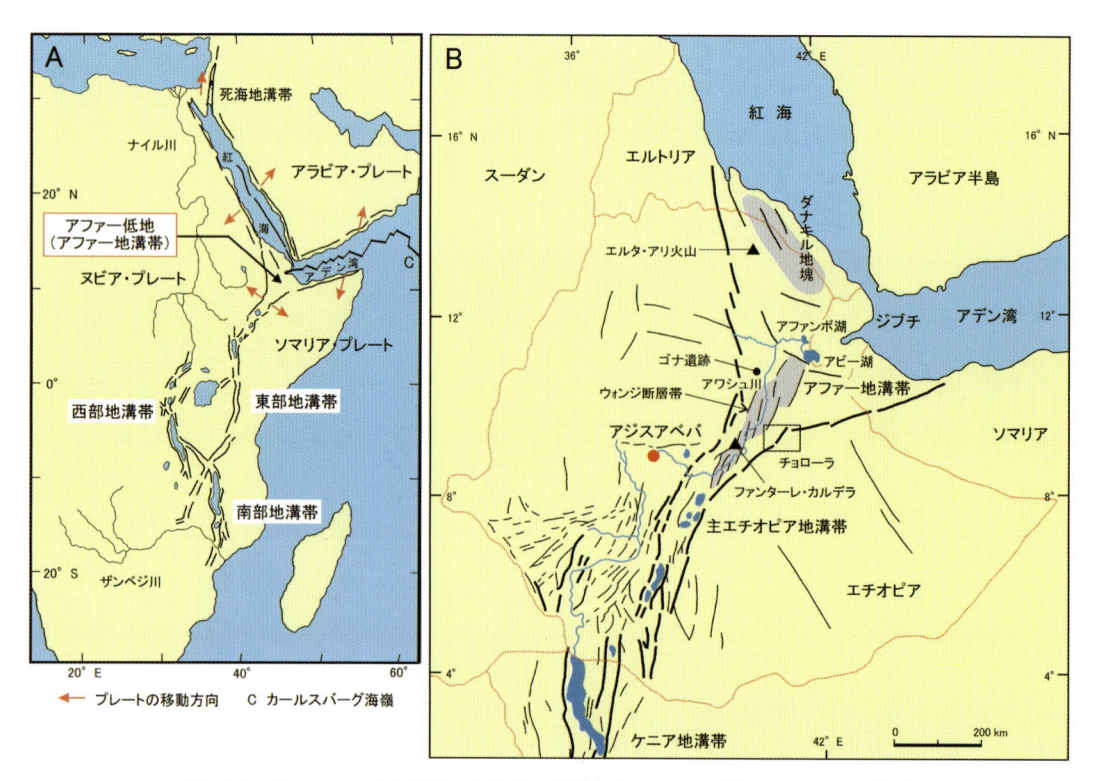

図 24.2　東アフリカ大地溝帯の北端部に位置するアファー低地（アファー地溝帯）
主エチオピア地溝帯の地溝底両側を限る北東－南西走行の正断層群は，アファー低地帯で紅海およびアデン湾と並行する方向に走向を変化させるため，アファー低地帯はアラビア半島に向けて開いたラッパ状の形態をとる．

アファー低地──引き裂かれていく大陸　103

図 24.3　アファー低地南東部に分布するチョローラ層（撮影：諏訪　元）．約 1,000 万年前の断層運動で生じた地溝帯内に堆積した地層．白色の珪藻土が主体の湖成層で，厚さ 100 m 以上に達する．堆積後の断層運動により，地層は北西に緩く傾斜している．

図 24.4　アファー低地北部のアライタ溶岩原（撮影：諏訪　元）．完新世に噴出した玄武岩溶岩が広がる．遠方は東アフリカ大地溝帯で最も活動的なエルタ・アリ火山で，中央部に割れ目噴火で造られた噴火口がある．

図 24.5　アビー湖北東のア・ファンボ湖岸（衛星写真の中央左上付近）（撮影：諏訪　元）．黒色の溶岩流台地が周囲を取り囲む．湖岸は，割れ目噴火列が並び，破砕した玄武岩礫で被われている．

図 24.6　アファー低地南部にそびえるファンターレ火山（撮影：加藤茂弘）．中央部に噴火口を有するカルデラ火山．山体周囲に伸びる割れ目噴火列からは，1820 年頃に溶岩流が噴出したと伝えられる．

図 24.7　アワシュ川中流の峡谷部（撮影：加藤茂弘）．アワシュ川が地溝底を深く下刻して生じた高さ 300 m に及ぶ谷壁．溶岩流，火砕流，降下火山灰などの火山岩と砂礫・シルト・粘土などの堆積岩の互層が露出している．

図 24.8　アファー低地を北流するアワシュ川の中流にかかる瀑布（撮影：加藤茂弘）．厚い溶岩流をきる断層や節理に沿って侵食が進み，幅 100 m 以上の線状の滝が造られた．

25 インドネシア・ジャワ島西部の地すべり
——大規模な地すべり地形

　インドネシアはアジアにおける「地すべり大国」の1つである．とくにジャワ島の西部には大規模な地すべり地形が発達している．図25.1は，ジャワ島西部でも地すべり地形が顕著に発達している南チアンジュール州のASTER画像である．図の右上部の放射状の谷が発達している部分は，ワヤン山と呼ばれる火山（標高1,765m）で山頂部にはカルデラが形成されている．一方，ワヤン山の山麓に連続する弧状の崖は，大規模な地すべりの頭部滑落崖（図25.2）で，その下方に広がる「のっぺり」とした緩傾斜の地域が，地すべり堆積物の分布域（図25.3）である．さらに，これらの地すべり地の内部に何列か認められる弧状の崖も，それぞれが地すべりの滑落崖であり，地すべりが複数の移動ブロックに分かれて滑動したことを示している．

　この地域は，ジャワ島の南の海岸に沿って，帯状に連なる南部山岳地帯の一部で，水平〜緩傾斜（東西走向）の海成新第三系（上部中新統〜下部鮮新統）を第四紀火山噴出物が覆っている．海成新第三系は，ベンタン層と呼ばれる層厚約900mの成層した凝灰質砂岩，凝灰岩からなり，泥岩，礫岩，軽石凝灰岩が挟在する（Koesmono, 1975）．これらの地層の固結度は低く，地表付近の凝灰岩や泥岩は風化によって粘土化している．これらの粘土は，スメクタイトと呼ばれる粘土鉱物を多く含み，残留強度[*]は10度以下ときわめて低い．すなわち，特定の層準に形成された軟弱な粘土が，この地域における大規模な地すべりの集中的な発達に深く関与していると推定される（Sugalang, et al., 2000）．

　図25.1のナチュラルカラー画像における色の違いは，地表の被覆，とくに植生の違いを表している．ワヤン山中に見られる濃い緑色の部分は，地域本来の植生である熱帯雨林であるが，分布は限定的であり，現在では山地の比較的標高が高い部分にしか残されていないことがわかる．一方，くすんだ緑色とピンク色のいりまじった地域は，水田や畑，茶のプランテーション，および二次林であり，ほぼ地すべりの分布域と重なっている．集落の多くも，これらの地すべりの上に営まれている．

　この地域の地すべり地形の多くは，数万年前の過去から現在に至る地すべり活動の累積によって形成されたものである．したがって，地域全体としてみると，現在もどこかに地すべり活動の活発な地点が存在し，再活動による被害が毎年のように発生している．その多くは，雨季の豪雨をトリガー（引き金）とするもので，発生時期としては，雨季が始まる9〜10月が最も多い．実際，地すべり（土石流を除く）は，インドネシアにおける最大の自然災害の1つで，国全体では，年平均50名弱の犠牲者（死者）を出している．南チアンジュール州に限定しても，1990〜2000年の間に，33件の災害が発生し，250棟以上の住宅が破壊され，13名の人的被害が発生した．

　しかし，地すべりは，人々に災いだけでなく，恵みももたらしてきた．すなわち，水田に適した粘土質の柔らかい土壌，緩やかな勾配の広い土地，豊富な水などである．これらの条件は，ジャワ島の南部山岳地帯では，地すべり地に特有の性質なので，人々は昔から地すべり地を耕し，地すべりと共に暮らしてきた．この地域の稠密な人口は，こうした地すべり地の豊かな農業によって支えられてきたとも言える．こうした事情は，わが国の山岳地帯も同様であり，「棚田」という共通する景観（図25.4）には，

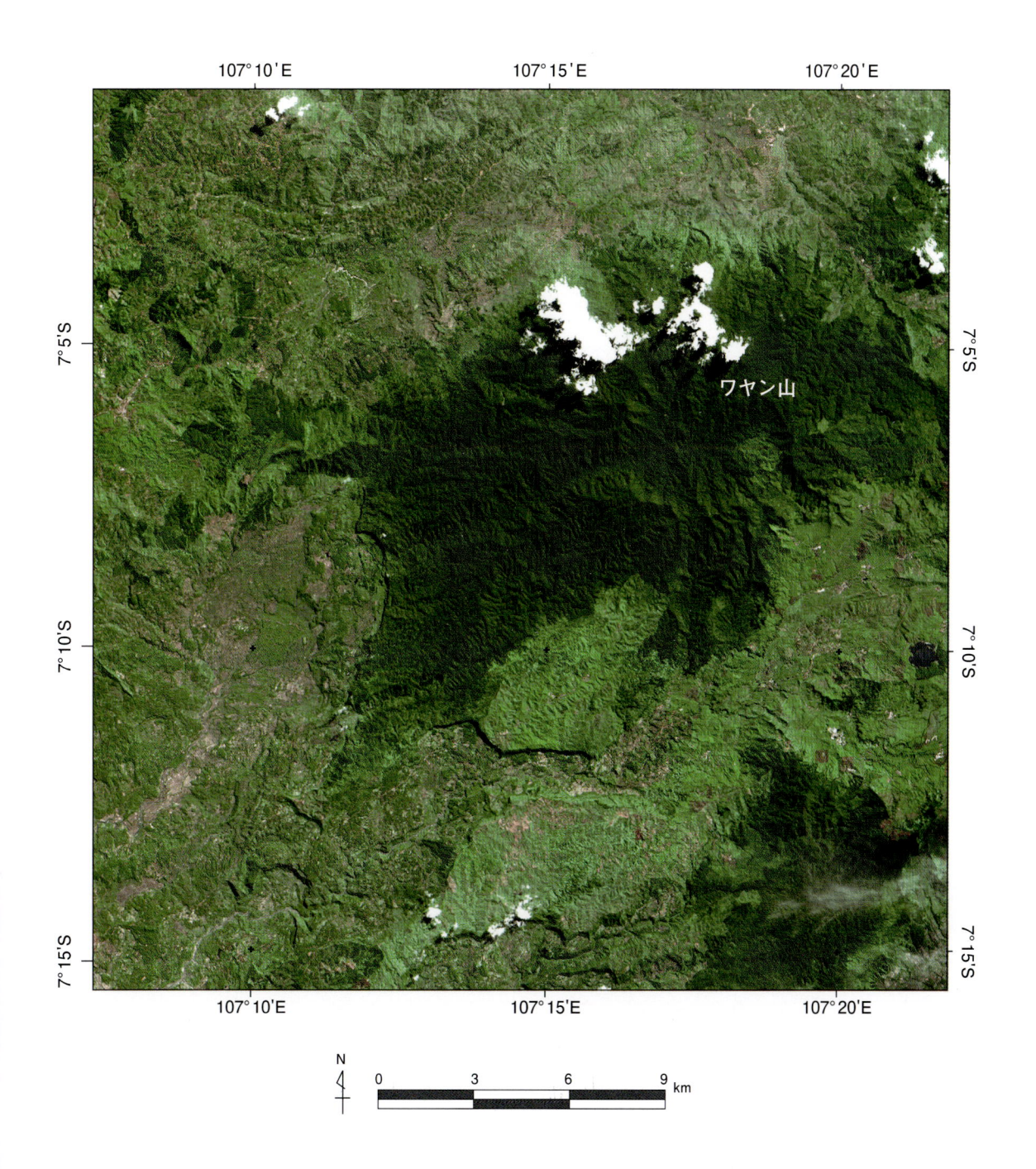

図25.1 ジャワ島西部，南チアンジュール州，ワヤン山周辺のASTER画像（2004.7.23）

島弧変動帯とモンスーンという日本とインドネシアの同じ地形・地質・気候条件がもたらした，「地すべり地の人生」が凝縮されている（図 25.5）．

＊残留強度：最大強度以後の大きい変位によって，土がせん断される場合に発揮される強度．長期間活動している地すべりでは，すべり面の強度は，残留強度まで低下していると考えられている．

■ 文　献

Koesmono, M.（1975）: Geologic map of the Sindangbandang and Bandarwaru quadrangles, Java, scale 1:100,000, Geological Survey of Indonesia.

Siagian, Y. and Bustami, U.（1995）: Susceptibility to landslide zone map of Sindangbandang and Bandarwaru quadrangles, Java, scale 1:100,000, Directorate of Environmental Geology of Indonesia

Sugalang, Siagian, Y. and Nitihardjo, S.（2000）: Landslide disaster in Indonesia, ITIT report（Reaearch on Landslide Assessment and Hazard Mapping in Asia）, *Geological Survey of Japan*, 5-10.

図 25.2　頭部滑落崖（遠方に連続する崖）と地すべり斜面（緩斜面）（撮影：釜井俊孝）

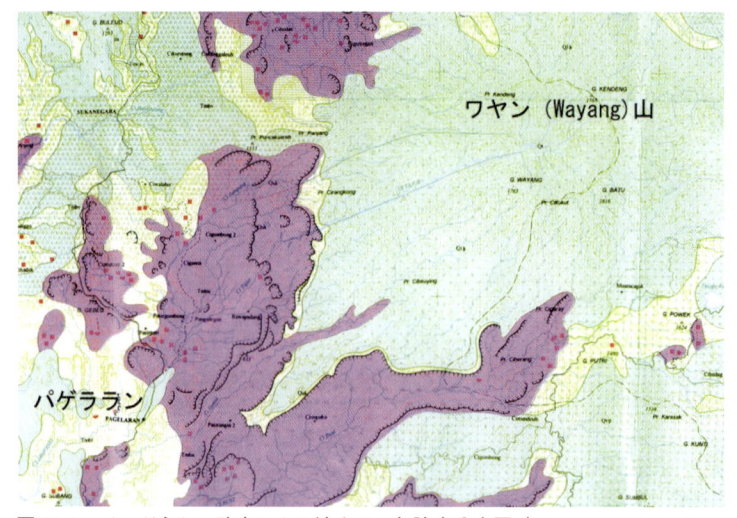

図 25.3　インドネシア政府による地すべり危険度分布図（Siagian and Bustami, 1995）．紫色の地域が地すべり地形の分布域にほぼ相当する．黄色は将来，地すべりの拡大が予想される範囲．黄緑は，地すべりの危険が少ない地域である．

インドネシア・ジャワ島西部の地すべり──大規模な地すべり地形　107

図 25.4　地すべりの頭部（撮影：釜井俊孝）
滑落崖とそこから分離した小丘が認められる．地すべり地には，棚田が発達している．

図 25.5　地すべり地に暮らす人々（撮影：釜井俊孝）
奥の崖は，地すべりの滑落崖．手前の住宅は，地すべりによって，少し変形している．

26 2008年四川大地震
——チベット高原の縁を走る逆断層

　2008年5月12日の四川大地震（中国では汶川地震と報道）は，四川盆地とチベット高原の境界部に位置する竜門山山地で発生している（図26.1）．地震の規模はM8ときわめて大きく，竜門山断層帯が約300 kmの区間で動いた．四川大地震では，死者・行方不明あわせて85,273名，経済的損失は8,451億元（約13兆円）に及ぶ．また，今回の地震は山岳地域で発生したため，被害の特徴として建物の倒壊のほか，大規模な地すべり，岩屑流，土石流の発生およびそれらに伴う堰止湖の形成があげられる．四川大地震を引き起こした竜門山断層帯は，チベット高原の縁を北東－南西方向に平行して走る何本かの逆断層からなり，総延長は500 kmに及ぶ．今回の地震の震源は，成都の北西80 km，汶川県映秀付近の深さ11 kmのところにある．地表に出現した地震断層は，四川盆地に一番近いところを走る灌県－安県断層と，その北西側の映秀－北川断層沿いで確認されている．この地震により竜門山断層帯が大きく変動した様子は，地震発生前後のPALSAR画像（インターフェロメトリ処理）により示されている（図26.2）．

　さて，標高5,000mを超える高地が続くチベット高原は，その辺縁部にあたるヒマラヤ，タリムそしてこの竜門山山地の3地域で，急な勾配で標高を下げている．竜門山山地の南東側には標高500 mの四川盆地が広がっているが，竜門山山地では四川盆地の縁から50 kmのところで高度差が5,000 m以上となっている．ここではまた，揚子江の支流により谷が深く刻まれており，河床から尾根までの起伏は3,000 mを超えるところが多く，河床はたいへん急傾斜となっている（Densmore, et al., 2007）．

　このような地形の極端な起伏は，どのようなメカニズムで生じたのであろうか．チベット高原は地殻の厚さが50 kmにも及び，高温の地殻下部は流動しやすい状況にあることから，あるモデルではチベット高原から四川盆地に向かう地殻下部の流動が，東側の四川盆地の古くて硬い地殻にその行く手を遮られ，境界部が盛り上がり，竜門山山地が形成されたとしている（Clark & Royden, 2000）．この背景には，インド大陸とユーラシア大陸の衝突がある．両大陸の接合部は強い圧縮の場に置かれており，その力を受けて地殻が厚くなったチベット高原では，大規模な横ずれ断層により分割された大きなブロックが，外側に押し出される状況が続いている．チベット高原の辺縁部および横ずれ断層に沿った場所では地震が頻発しており，今回の四川大地震もこのようなテクトニクスの枠組みの中で発生したものである．

　今回の地震は急峻な山岳地域で発生したため，多くの斜面崩壊が発生している．竜門山断層帯の中の古生代の堆積岩類が分布する地域で地震発生後に撮られたASTER画像では，斜面崩壊による堰止湖の形成の状況が読み取れる（図26.3）．今回の地震直後には34の堰止湖が記録されており，その中で一番規模の大きな唐家山の堰止湖では，地震直後の最も水量が増加した時期で貯水量は2億5千万 m³に及んでいた．不安定な堰止湖については，人工的な開削による排水で安全確保が図られた．なお，地震前の状態に戻すことができないような大規模な堰止湖では，将来において水力発電を行うことも計画されているという．また，地震発生前後のASTER画像を比較すると，震源断層沿いの竜門山山地では，ほとんどすべての谷筋で斜面崩壊の起きている場所のあることもわかる（図26.4）．

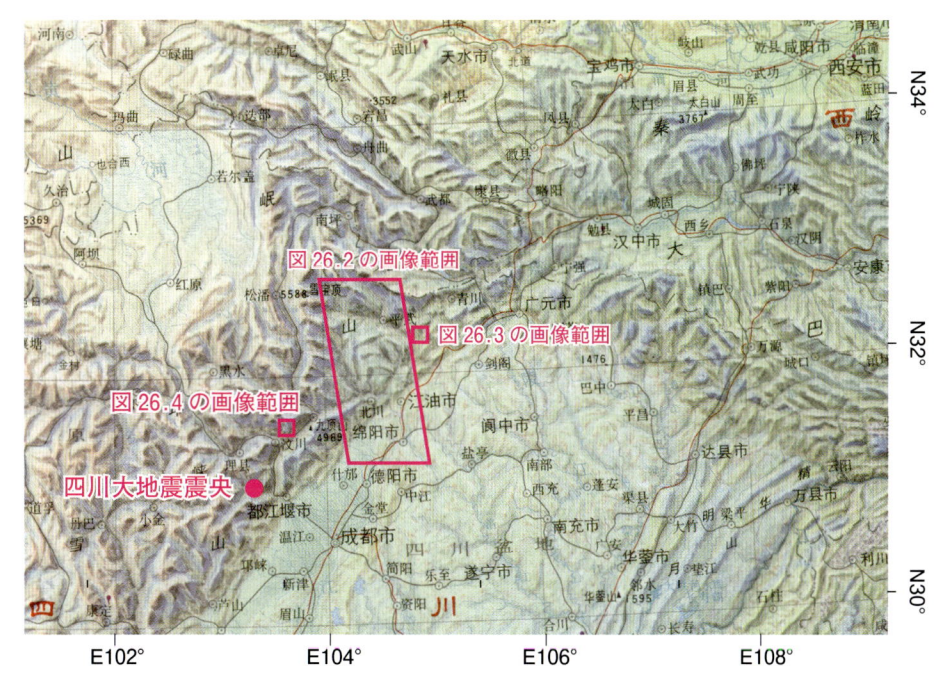

図 26.1　チベット高原と四川盆地の境界にあたる竜門山山地（中華人民共和国国家普通地図集（1995），中国地図出版社）

■ 文　献

Clark, M.K. and Royden, L.H. (2000) : Topographic ooze: Building the eastern margin of Tibet by lower crustal flow. *Geology*, **28**, 703-706.

Densmore, A.L., Ellis, M.A., Li, Y., Zhou, R., Hancock, G.S. and Richardson, N. (2007) : Active tectonics of the Beichuan and Pengguan faults at the eastern margin of the Tibetan Plateau. Tectonics 26, TC4005, doi:10.1029/2006TC001987.

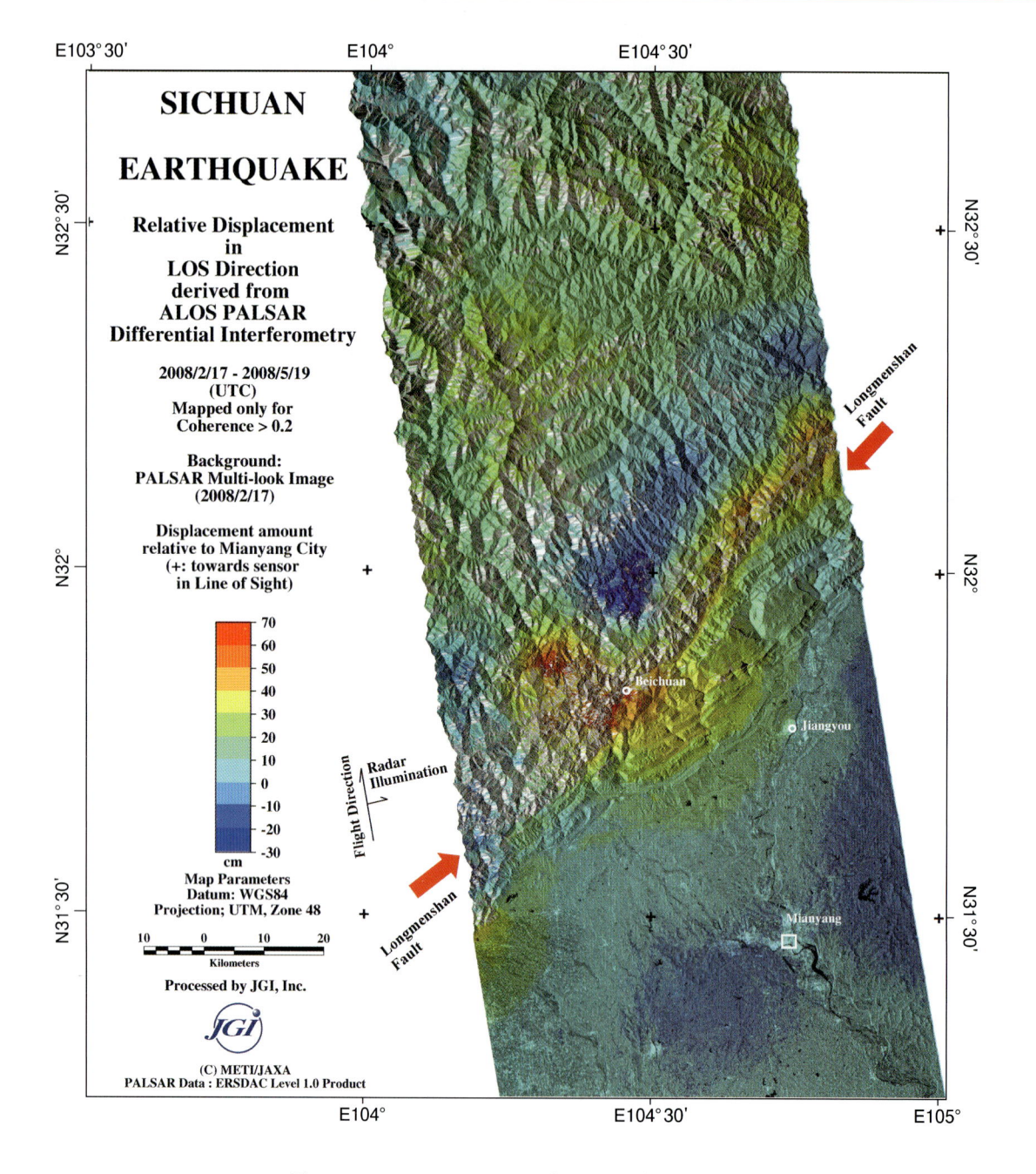

図26.2 ALOS/PALSARによる中国四川大地震の地殻変動
地震発生前後のPALSARインターフェロメトリ処理による広域地殻変動の把握．この画像解析結果をみると，とくに地震で被害の大きかった北川の周辺で変位が大きいことが見て取れる．（PALSARデータは経済産業省および独立行政法人宇宙航空研究開発機構に帰属．インターフェロメトリ処理は株式会社地球科学総合研究所の協力による）

図26.3　中国四川大地震被災地域のASTER画像
地震発生後のASTER画像（2008.6.1）による斜面崩壊と堰止湖の把握．北から南を望む（高さ方向2倍誇張）．

図26.4　ASTERによる中国四川大地震被災地域の画像．地震発生前後のASTER画像比較による斜面崩壊箇所把握．
（左）地震発生前（2002.4.14）．（右）地震発生後（2008.5.23）．

27 平成20年（2008年）岩手・宮城内陸地震
——大規模地すべり・土石流

　2008年6月14日の岩手・宮城内陸地震（M7.2）は，山岳地域の比較的浅い場所に発生し，大規模な地すべりや土石流，河道閉塞による堰止湖の形成など多くの土砂災害をもたらした．この地震では岩手県奥州市と宮城県栗原市で震度6強，宮城県大崎市で震度6弱を観測している．本震（深さ8km）の震源メカニズムの解析と，地表に出現した地震断層の位置からは，震源断層として西北西に傾斜する逆断層が想定されている．地震断層は震央から南東側に7km離れた場所（余震域の外側）に出現しているが，鉛直方向の変位は数十cm程度であり，地形に大きな影響は与えていない．今回の地震ではキラーパルスといわれる周波数1秒前後の震動が小さかったため，地震の規模に比べて建築物への影響は小さかったが，一方，一関市近傍の地震計で3,866 galというきわめて大きな加速度を記録しており，山岳地域には大きな衝撃を与えた（気象庁，2008；産業技術総合研究所，2008；防災科学技術研究所，2008）．

　震源の南側で被害の大きかった栗駒山（標高1,627m）周辺の様子は，地震前後のASTERの画像データにより作成された鳥瞰図を見るとよくわかる（図27.1, 27.2）．栗駒山のなだらかな山体は，安山岩質の溶岩および凝灰岩類からできており，山頂から東に下ったところに土石流の被害にあった駒の湯がある．栗駒山の裾野には鮮新世および第四紀の溶結凝灰岩等からなる地層が緩やかな傾斜で分布しており，なだらかな地形が形成されている．このような場所に大規模な地すべりのあった荒砥沢ダムがある．一方，鳥瞰図で栗駒山の後方に見える山々は，より古い時代の地層（中新世の火山岩類，古生層，白亜紀花崗岩等）からなる．これらの山々は侵食が進んでいるため，栗駒山とは対照的に急峻な山体をつくっている．

　荒砥沢ダム周辺で発生した大規模地すべりは，長さ1,300m，幅900m，頭部滑落崖の高さ140mと，きわめて規模の大きなものであり，移動地塊は南東方向（写真の手前側）に向かってすべり，行く手にある山にぶつかっている（図27.3, 27.4）．移動した土砂の量は東京ドーム35杯分（4,500万m^3）に及ぶ．なお，この場所には今回の地震の前に，すでに地すべり地形が確認されていた．

　栗駒山の山腹にある駒の湯では，温泉宿が土石流の直撃を受けて7名の方が亡くなられた．地震が起こった6月には栗駒山の山頂付近には残雪があり，雪解けの水が地表付近に貯えられていたものと推定される（図27.5）．そのような沢の源流部で発生した土石流は，大量の水を含み毎秒10mから15mという高速で沢を流れ下り，地震発生後10分ほどで駒の湯に到達している．一方，駒の湯では温泉宿の対岸で地震による斜面崩壊が100m以上の規模で起きており，この崩壊による土砂が土石流の向きを変えさせ，温泉宿が被害にあったものとみられる（図27.6）．

　これらの地質災害のほか，鳥瞰図左手の湯ノ倉温泉付近および写真右手前の三迫川沿いには，斜面の表層崩壊，岩盤崩壊が認められる（図27.2）．また，鳥瞰図では確認できないが，道路の遮断，河道閉塞が多数発生している．

　なお，今回の地震を地質構造発達史的視点からみると，日本海が形成拡大していく中新世の時代に，

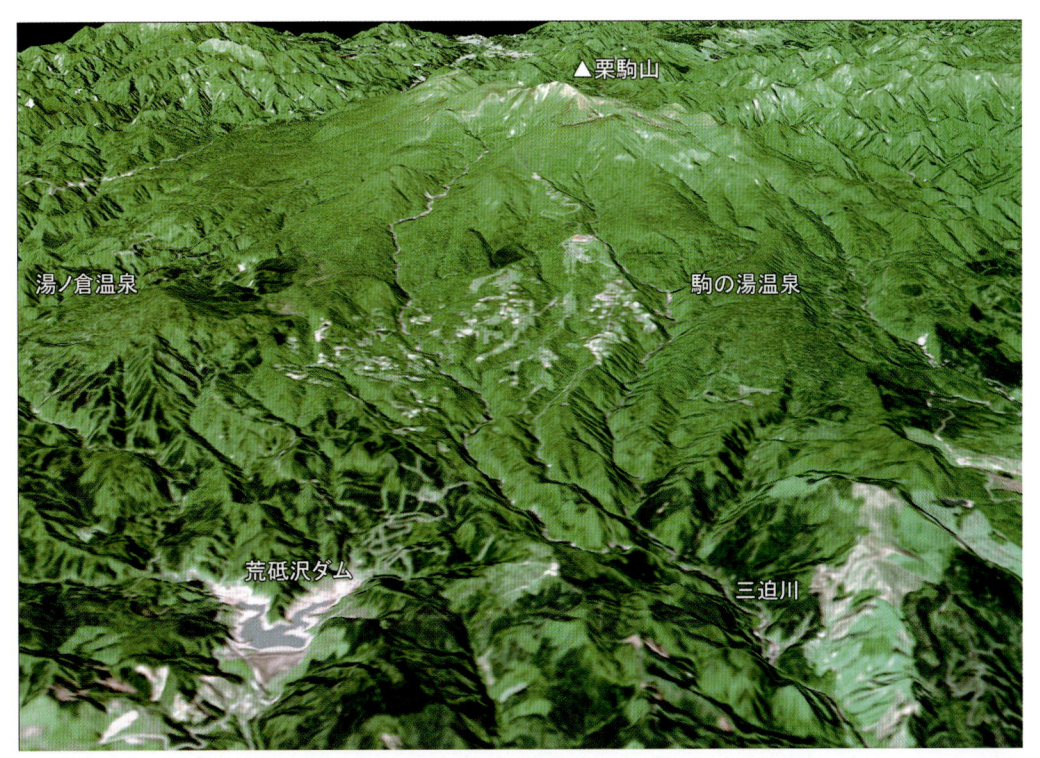

図 27.1 栗駒山 ASTER 鳥瞰画像（2008 年岩手・宮城内陸地震以前の 2001.9.24 に撮影した画像データから作成）

図 27.2 栗駒山 ASTER 鳥瞰画像（2008 年岩手・宮城内陸地震直後の 2008.7.2 に撮影した画像データから作成）．地震前の山体（図 27.1）と比較すると，荒砥沢ダム貯水池斜面地すべり，山頂付近から駒の湯に至る土石流の通過後など，この地震による土砂災害で変化した山体の様子がよくわかる．

伸張応力の場において地殻中に形成された正断層が，現在の圧縮応力の場において逆断層として動いたものであると考えられている（佐藤ほか，2008）．

■ 文　献

防災科学技術研究所（2008）：平成20年（2008年）岩手・宮城内陸地震．
　http://www.hinet.bosai.go.jp/topics/iwate-miyagi080614/
気象庁（2008）：「平成20年（2008年）岩手・宮城内陸地震」の特集．
　http://www.seisvol.kishou.go.jp/eq/2008_06_14_iwate-miyagi/index.html
産業技術総合研究所（2008）：平成20年（2008年）岩手・宮城内陸地震．
　http://www.gsj.jp/jishin/iwatemiyagi_080614/index.html
佐藤比呂志，加藤直子，阿部　進（2008）：2008年岩手・宮城内陸地震の地質学的背景．
　http://www.eri.u-tokyo.ac.jp/topics/Iwate2008/geol/

図 27.3　荒砥沢ダム貯水池斜面地すべり全景（撮影：応用地質株式会社，2008.6.19）
長さ約 1300 m，幅約 900 m の大規模地すべりであり，頭部滑落崖の高さは約 140 m で，陥没帯が 2 か所で見られる．

図 27.4　荒砥沢ダム貯水池斜面地すべりの頭部滑落崖（撮影：応用地質株式会社，2008.6.19）
約 140 m の高さを示す滑落崖は，栗駒山火山の噴出物など（溶岩，泥流堆積物）の末端部にあたっており，崖の下半部には鮮新世の軽石凝灰岩が分布している．

図 27.5 栗駒山山頂付近の崩落箇所と土石流の流れた跡（撮影：応用地質株式会社，2008.6.19）
（A）駒の湯温泉に被害をもたらした土石流の発生源と沢沿いに流下した土石流．沢の源流部の斜面が崩れた．
（B）土石流が流れた跡：攻撃斜面側には泥が高い位置まで付着している．

図 27.6 駒の湯温泉付近の土石流（撮影：応用地質株式会社，2008.6.19）
駒の湯温泉の対岸の斜面崩落によって，上流からの土石流の流れが変わり，建物が被災したとみられる．

地形の見方・読み方

◀ 1．地形とは何か──地形のスケール ▶

　地形とは土地の形，つまり，地球表面の起伏（凹凸）のことである．しかし，この凸凹は決してランダムではなく，成因や構成物質などを反映したいくつかの特徴や規則性が認められる．このような凹凸を地形（landform, topography）といい，このことを科学的に追求し，その原因や形成過程，地球システムの中での関連性を考える学問が地形学（geomorphology）である．

　地形は風景の一部として，いつも我々の目の前にあるので，大部分の人は，山や川，谷や尾根の存在は知っていても，何故そのような地形が形成されたのか，あるいはそれがどのようにして作られてきたのか，という，成因や形成過程にはほとんど興味を示さないようだ．しかし，土地の起伏（地形）の形成には地球環境に関連した多様な要因が関与しており，地形のでき方が理解できれば，逆に，その地形形成に関わった様々な地殻変動や気候変化などの要因を読み取ることができる．地形学の面白さはまさにここにある．

1.1　地形面の認識

　地形面は地表の形態を捉えるときの最小単元である．地形面には狭義と広義の2種類の考え方があり，狭義の地形面とは一般に平坦面の広がりのことをさす．平坦面の形成には河川や海による堆積作用や侵食作用があるが，氷河による侵食や溶岩や火砕流など火山の噴火による流出物も一連の平坦面をつくることがある．これに対し，広義の地形面では，平坦面だけでなく斜面，あるいは波状の小起伏面なども地形面の一つと考える．そして，地表は様々な地形面の集合体と見なすのである．通常，我々が地形と認識する山地，丘陵，台地，谷，尾根，といったものは，パッチワークのように平坦面と斜面を含めた広義の地形面の組み合わせによって構成されていると考えられる．

　例えば，河岸段丘という地形は，図1に示すように段丘面（平坦面b：狭義の地形面）と段丘崖（傾斜の異なる斜面c，斜面dから成る）で構成されている（貝塚，1998）．なお，図1では，離れたところにある同じ性質の地形面は，b_1, b_2 あるいは c_1, c_2, d_1, d_2 のように添え字を付けて区分している．斜面cと斜面dの区分は傾斜や構成物質（cは礫層，dは基盤岩）の違いを反映している．

　地形面の区分は主に傾斜の変換点をつなぐ線によってなされ，これを地形線と呼ぶ．図1では斜面aと平坦面b，平坦面bと斜面c，斜面cと斜面dの境界が地形線である．尾根をつなぐ線（尾根線）や谷筋（谷線）も地形線である．地形面とは，この地形線に囲まれた傾斜などの似た一連の広がりを指すもので，よって地形認識の最小の単元なのである．また，地形面が区別できるということは，その成因や形成プロセスがそれぞれ異なっていることを示している（図1の斜面cと斜面dの違いなどが例）．

　我々が地形と認識している，扇状地や段丘，丘陵，山地などはいずれも形態と成因の異なる多数の地形面の集合体である．貝塚（1998）はこれを「地形型」あるいは「地形類型」と呼んだ．地形型の広が

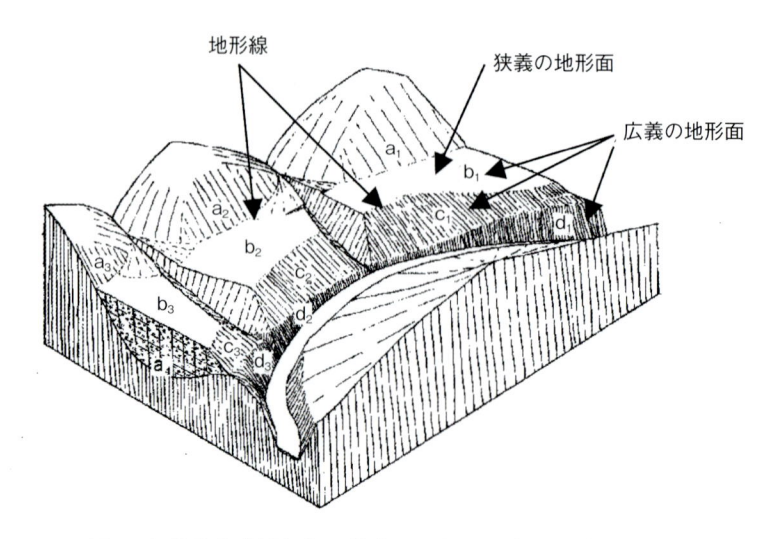

図1 河岸段丘（地形型）を構成する地形面の集まり（貝塚，1998）

りには大から小まで様々な規模（スケール）がある．ヒマラヤのような大山脈も段丘崖の下に発達する小さな扇状地も何れも地形型である．図1の段丘地形は比較的小規模な地形型に対応する．

1.2 地形型の規模（スケール）による区分

地形型にはその広がりによる大小の区分がある．前述の段丘地形については，我々はハイキングなどで谷沿いの小高いところに登れば，図1のような地形を間近に眺めることができる．しかし，もし飛行機に乗って高い高度からこの地域を見たときには，川沿いの斜面や平坦面の区別はできず，起伏に富む山地と河谷沿いの平坦な低地としか区分できなくなる．更に高い高度から見れば，河谷沿いの低地は識別できなくなり，山地のまとまりと，この河川の下流に広がる広い平野しか地形面として区別できない．このように，視点の違いによって，地形型とその中に認識できる地形面が異なってくるのである．

逆に，段丘に近づくと，段丘地形の全貌は認識できなくなり，斜面 c などの上に形成された小規模なガリ（雨裂）や崩壊地形が見えてくる．段丘面 b に上がればそこも決して鏡のような平面ではなく，山地斜面 a や支谷からの部分的な堆積物の供給によって本流谷の方に傾き下がり，かつ緩やかなうねりを持った地形面であることがわかる．この地形面（平坦面 b）は更にいくつかの微細な地形面（斜面と平坦面）に細分される．

このように，宇宙から地表までの地球を見る視点（位置）の違いによって，規模の異なる様々な地形（型や面）が認識できる．これは地図縮尺（スケール）の違いに対応しており，地形はこのようなスケールに応じて区分するほうが理解しやすいのである．

最近，インターネットで Google Earth (http://www.google.co.jp/) を使えば誰でも簡単に，視点位置を変えてこのようなスケールによって異なる地形特徴を認識できるようになった．

地形学では地球表層の凹凸についてスケールによる区分を行っている．表1では，巨大地形から大地形，中地形，小地形，微地形，微細地形の6つに分けている．もう少し大まかに，巨大地形は大地形に含め，微細地形は微地形に入れ，4つの区分とする場合もある．

表 1 規模による地形の区分（貝塚，1985；1998を改変）

規模による分類	広がりの最小規模	地図スケール	地形形成の主因	地形型	形成に要するおよその時間
巨大地形	100km	<1/1000万	地殻の厚さ，内作用（プレート運動）	島弧－海溝系，盾状地，中央海嶺，深海平坦面	$10^8 \sim 10^7$ 年
大地形	10km	～1/100万	内作用（大規模な地殻変動，火山活動）	大山脈，大カルデラ火山，地溝，大平野	$10^7 \sim 10^6$ 年
中地形	1km	～1/10万	内作用（地殻変動，火山活動），地質構造	山地，丘陵，台地，低地，成層火山，盆地	$10^6 \sim 10^5$ 年
小地形	100m	～1/1万	内作用（噴火，断層運動），外作用（流水，気候，風），岩質	段丘，扇状地，三角州，砂丘列，カール，モレーン，地すべり地形，断層崖	$10^5 \sim 10^3$ 年
微地形	10m	～1/1000	内作用（断層運動），外作用（流水，気候），岩質，土壌	自然堤防，河床，地震断層崖	$10^3 \sim 10^1$ 年
微細地形	<1m	>1/1000	外作用（降雨，潮流），土壌，生物	砂堆，構造土，地割れ，ガリ，リル	$<10^1$ 年

＊中地形以下は主に日本の事例

　この表1に示した広がりの最小規模とは，構成する地形型の長さ，幅，直径などのうちの最小のもののおよその大きさを示したものである．数字はあくまでもおおよその目安であり，定義ではないことに留意していただきたい．

　地形型（以下，単に地形と呼ぶ場合もある）は地表の現在の姿であり，どんなスケールのどんな地形も現在の地表環境の下で様々なスケールの形成，あるいは修飾作用を受けている．したがって，表1の地形形成の主因とは，対象とする地形型の大まかな骨組みを形成する（した）ことに関わった作用のことで，後述する地形形成プロセス（営力：内作用および外作用）や地質構造・岩質などの物質の特性が強く影響している．また，形成に要する時間とは上記の大まかな骨組みが形成されるのに要した時間の目安である．

　この表は，大規模スケールの地形，すなわち遠い視点から認識される地形の形成には，地球内部からのエネルギーによる内作用が卓越し，形成に最大で数億年以上の時間がかかっていること，そして，小さな規模の地形には，主に太陽からのエネルギーによる外作用が卓越し，形成時間も大規模な地形に比べてずっと短いことを示している．

　本書で扱う人工衛星から撮影された地形は，この表に示す小～中地形に対応しており，内作用と外作用が深く関わり合って形成された地形である．

◀ 2. 地形の形成作用——どのように地形は作られるのか ▶

2.1 内作用と外作用

　地形は地球表面が様々な作用を受けて形成され，変化してきたものだが，その形成・変化に関わる要因として，直感的に構造（structure：地質構造や構成物質），時間（time）それに，プロセス（process：地形形成営力）が考えられる（Bloom, 1978）．地形の形成はこの3つを変数とする関数といえる．

　structure は地質構造や地表付近の岩石など地形の下にある構成物質のことを示し，その構造や岩石の特徴によって風化や侵食などの後述の外作用に対して反応が異なるため，地形形成の要因となってい

る．特に乾燥地域など，表流水の少ない地域ではその影響が強く現れやすい．また，内的営力による構造運動，断層運動などは最近まで継続し，地表を隆起・変形させているので，それを反映した様々な規模の地形が形成される．

　time は時間や歴史のことを指すが，とくに中地形以上の地形形成には長い時間が必要で，地形の規模が大きくなるほど時間は大きな地形形成要因となる．また，過去の氷河作用が現在の高緯度地域の地形形成に大きく影響しているように，過去の地球環境の歴史とその時間も地形形成要因となる．

　3つの変数のうち，最も多岐にわたり複雑な要因が process である．これは地形形成営力（単に営力とも言う）と呼ばれ，地球の内外から供給されるエネルギーを基に，地表の構成物質（structure）にある時間働いて（time），地形を形成する作用のことである．主に内作用（internal process）と外作用（external process），および外来作用（exotic process）に区別される（貝塚，1998）．

　このうち，外来作用は隕石など地球外からの物質の衝突による地形形成営力である．太陽系の誕生直後の頃には，地球型惑星には多数の巨大隕石が衝突し，月や火星にはその痕が明瞭に残っている．しかし，地球の表面では地形形成プロセスが活発に働いて，その痕跡はほとんど認められない．外来作用は他の惑星の地形形成には重要な営力だが，現在の地球にはその影響はほとんど無いと考えられる．

　内作用（内的営力とも呼ばれる）は地球内部の熱エネルギーを根源とする力である．地球内部の熱エネルギーは主に放射性元素の崩壊によってもたらされると考えられる．この熱エネルギーは地殻変動や火成活動として地表を隆起・沈降させ，あるいはマグマなどの物質を供給する．プレート運動やそれに関連する地殻変動，火山活動がその具体的な現れである．この作用は地表に凹凸を作り起伏を増加させる方向に進行して，物質の位置ポテンシャルを高めその移動を促進する働きをする．

　外作用（外的営力）は水や，大気，氷などが重力作用と共に地球表面を覆う物質や地質構造（structure）に働きかけて，物質の一部を流動させ，侵食・堆積作用により地形を形成する作用のことである．この作用のエネルギー源は太陽放射（光と熱）である．太陽からの熱を受けて地表付近では大気が循環し，降雨や乾燥をもたらし，植生を育み，極地では氷河が形成される．また，岩石の風化も促進される．この作用の媒質となるのは水である．水は太陽エネルギーによって液体，気体，固体の三態に姿を変えて地表の物質に作用し，陸上では風化や侵食・削剥，そして重力作用と共に物質の移動に関与し，水域では堆積作用を起こす．水が液体・気体・固体で存在することが地球表面の凹凸（地形）を他の惑星とは異なるものにしている．この外作用は内作用とは逆に地球表層の凹凸を平滑化するような方向に進行する．

2.2　気候地形区分

　地形形成営力の中で，外作用は主に水が太陽エネルギーを使って地表に働きかけ，様々な地形を作り出す作用である．このような水の働きは，具体的な現象としては気候として現れる．地球の気候は気温や降水量・蒸発量，それらを反映した植生によって区分される．したがって，地形形成は気候の影響を強く受けている．このような地形を気候地形といい，気候の分布に対応して区分される．

　図2は現在の年降水量と年平均気温をXY両軸として地球の気候分布区分を示し，更にその中に侵食の特徴を加えたものである．この図には面的侵食と線的侵食という2つの侵食区分が入っている．面的侵食（横縞線の部分）とは，斜面崩壊や布状洪水，あるいは氷床の削剥などによって面的に薄く広く削剥が進行することである．定常的な降雨や河川のない乾燥地域や高緯度地域で卓越する．これに対し，線的侵食（縦縞線）では河川に沿って谷が掘れ，線状に侵食が進んでいく．湿潤熱帯や湿潤温帯は定常

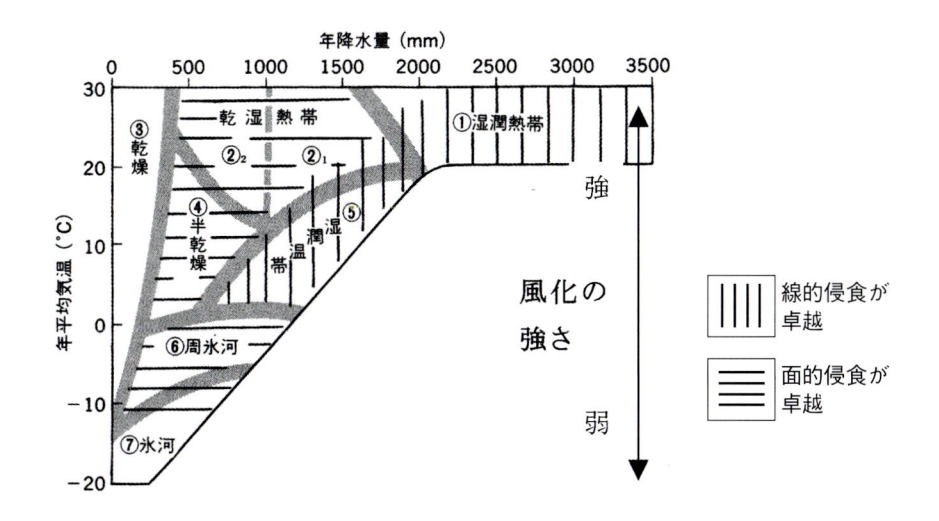

図2 年降水量・年平均気温と気候-植生-侵食の関係（貝塚, 1997b）

的な降雨と流水があり，植生が密なので侵食は谷に沿って進み，面的には広がらないのである．しかし，熱帯は岩石の風化作用が激しいので温帯より斜面崩壊などの面的侵食が起こりやすい．

表2はこのような気候条件（気候地形区）と植生及び侵食の関係を示したものである．削剥・侵食の強さは定性的に丸印で示した．気候地形区の番号は図2と共通である．なお，乾湿熱帯の2区分は降水量の違いに応じた線的流水侵食の程度の差だけで，地形に大きな違いはない．

図3は世界の気候地形区分を示した．気候条件に支配された外作用の程度の違いにより，それぞれ特徴的な地形型が形成されている．

なお，この図や表は氷河期の終わった現在の気候地形を示したもので，地球全体が寒冷化した氷河期

表2 気候地形区分と気候-植生-侵食・削剥の関係（貝塚, 1997b）

気候地形区（図2参照）	およその植生	面的削剥 （表流水＋重力）	線的流水侵食 （河川）	ケッペン 気候区
① 湿潤熱帯	熱帯雨林	○	◎	Af, Am
②₁ 乾湿熱帯	雨緑林・サバンナ	◎	○	Aw
②₂ 乾湿熱帯	サバンナ	◎	○	Aw, Cw
③ 乾燥（砂漠）	なし	○	—	BW
④ 半乾燥	ステップ（草原・疎林）	◎	○	BS, Cs
⑤ 湿潤温帯	温帯林	○	◎	Cf, Da
⑥ 周氷河	針葉樹林・ツンドラ	（◎ 凍結）	○	ET, Dc
⑦ 氷河	なし	（◎ 氷床）	—	EF

削剥・侵食の強さ：◎＞○＞○

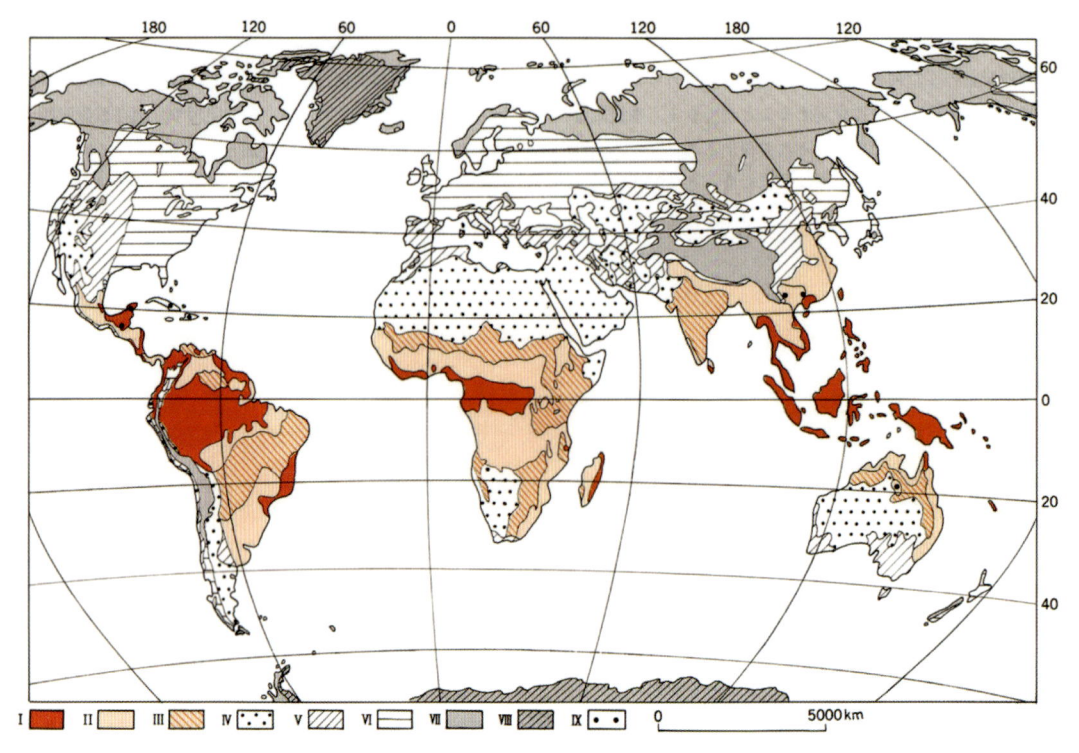

図3 外作用による世界の地域区分（気候地形区分）（貝塚, 1985）
凡例　Ⅰ：熱帯湿潤　Ⅱ：乾湿熱帯1　Ⅲ：乾湿熱帯2　Ⅳ：乾燥　Ⅴ：半乾燥
　　　Ⅵ：湿潤温帯　Ⅶ：周氷河　Ⅷ：氷河　Ⅸ：カルスト地形

には各気候地形区の境界は大きく移動していたことに留意していただきたい．
　以下，内作用と外作用が作る具体的な地形を紹介する．

◀ 3. 内作用の作る地形 ▶

3.1 プレート運動

　内作用の主因は地球内部から発生する熱をエネルギー源とするプリュームやマントル対流であり，地表には主にプレートの運動や火山の活動として現れる．プレート運動は，地球表層を覆う硬い岩盤（リソスフェアと呼ばれプレートのことを指す）がいくつかに分割してそれぞれが独自に移動しているものである（図4）．
　プレートには海洋プレートと大陸プレートの2種類がある．海洋プレートは玄武岩質の海洋地殻と上部マントルの最上部で構成され，中央海嶺で新たな海洋地殻が作られ，そこから離れる方向にプレートが拡大・移動していく．海洋プレートは海嶺から離れるにつれ冷却が進み，厚みが増して重くなっていく．海洋底は平坦で中央海嶺からプレートの末端である海溝に向かって高度が低下していく．他のプレートとの接触部では重い方が他方の下に沈み込み，海溝が形成される．沈み込んだプレートはマントルの中に入って消滅していく（図5）．
　大陸プレートはリソスフェアが花崗岩質の大陸性地殻と下部地殻，上部マントルの一部で構成され，

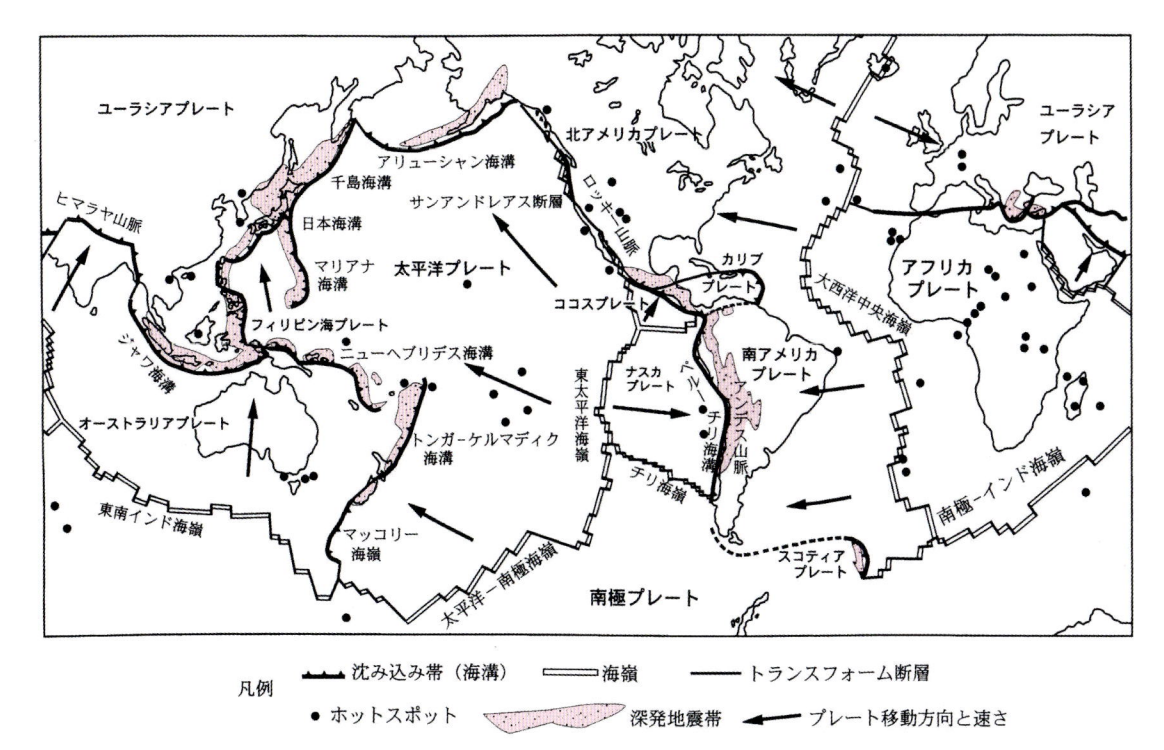

図4　プレートの分布と移動方向　（山崎，2003）

海洋プレートよりも相対的に厚く軽い．このため海洋性プレートとの接触部ではいつも重い海洋性プレートが沈み込むので，大陸プレートは消滅せずいつまでも地表に姿を現している．大陸内部には楯状地や卓状地と呼ばれる大規模で比較的起伏の少ない地形が存在する．また，大陸プレートの縁辺では海洋性プレートが沈み込むため海溝と付加帯が形成され，沈み込みの進行によって火山活動を伴う造山帯が発達して，大陸地殻が新たに付加される．ただ，沈み込みに伴って大陸地殻の一部が海洋プレートと共にマントル内に引きずり込まれる（テクトニックエロージョン）ことがあり，結果として，常に大陸が拡大し続けるということはない．

大陸性プレートはそれだけが図4に示す単一プレートを形成する訳ではなく，海洋性プレートと共に1つの大きなプレートを構成している．ただし，太平洋プレート，ナスカプレート，ココスプレートは海洋性プレートのみで構成されている．

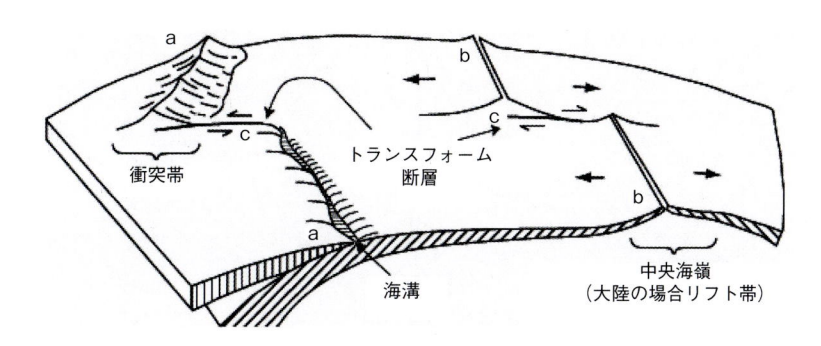

図5　プレートの3つの境界　（山崎，2003）

3.2 プレート境界の運動と変動帯

プレートは剛体として挙動するので，それぞれの動きに伴う変動はその縁辺部に現れる．このような地域を変動帯という．プレート境界は大きく，狭まる境界（図5のa），広がる境界（同b），ずれる境界（同c）の3つに分けられ，それぞれ独自の変動帯が生じている．

これに対し，プレートの内部は大陸も海洋底も比較的起伏が小さく安定している．表3にはこのような変動帯と安定帯の大地形とその特徴を示した．

狭まる境界（変動帯）では片方のプレートが他方の下に潜り込み，海溝の存在と造山運動によって，世界で最も大きな起伏が生じている地域である．地震，火山活動が活発で，世界の巨大地震や大規模噴火活動はここに集中している．狭まる境界は海洋プレートが沈み込む島弧‐海溝系と大陸プレート同士がぶつかり，厚い地殻を持った衝突帯（大陸間山系）に分けられる．

狭まる境界（変動帯）を代表する島弧‐海溝系と衝突帯の模式構造を図6に示す．

島弧‐海溝系は太平洋の周縁で顕著に発達し，海洋プレートが大陸プレートの下に沈み込んでいる．そして，日本列島やアリューシャン列島のように大陸と造山帯との間に縁海をもつ島弧と，南米アンデス山脈のように，大陸の縁にいきなり造山帯が生じて，縁海を持たない陸弧とに分けられる．両者の違いはプレートのカップリング（固着状況・押し合う力）の強弱にあり，カップリングが強いと陸弧，弱いと島弧になると考えられている（上田，1989）．

一方，ユーラシアプレートとオーストラリア及びアフリカプレートの境界は大陸プレート同士がぶつかり合う衝突帯で，ヒマラヤ‐アルプス造山帯が形成されている．とくに，インドとチベットの間の衝突帯では，沈み込んだインドプレートの上半部がはがれてユーラシアプレートの下に付加し（アンダープレーティング），地殻が厚くなっている．このためアイソスタシーで隆起し，標高4,000 m以上の地域が広がるチベット高原が形成されている．ヒマラヤ山脈はこの高原の南端部が，局地的な断層運動によって更に隆起したものである．

表3 変動帯（新しい造山帯）と安定地域の分類 （貝塚，1997a より）

大区分		小区分	地震	火山	大地形の起伏	例
変動帯 [主にプレート境界]	[広がる変動帯]	中央海嶺系（海洋）	○	◎	○	東太平洋海膨・大西洋中央海嶺
		リフト系（陸）	○	◎	○	東アフリカ地溝・紅海
	[狭まる変動帯]	島弧‐海溝系[沈み込み型]	◎	◎	◎	東北日本弧・マリアナ弧・アンデス弧
		大陸間山系[衝突型]	◎	○	◎	ヒマラヤ山系・アルプス山系
	[ずれる変動帯]	断裂帯（海洋）	○	○	○	アトランティス断裂帯
		断裂山系（陸）	○	―	○	ニュージーランド南島・サンアンドレアス断層系
安定地域 [プレート内部]	海洋底	深海盆・コンチネンタルライズ	―	―	―	中央海嶺をのぞく太平洋・大西洋底
		古い火山（列）・非震海嶺	―	―	○	天皇海山列・九州‐パラオ海嶺
	安定大陸	楯状地・卓状地（先カンブリア時代の変動帯）	―	―	―	バルト楯状地・ロシア卓状地
		古い（中・古生代）変動帯	―	―	○	アパラチア山脈・ウラル山脈

[ ] 内はプレートテクトニクスの言葉，―：なし，起伏1 km以下，○：あり，起伏1～5 km，◎：多，起伏5 km以上

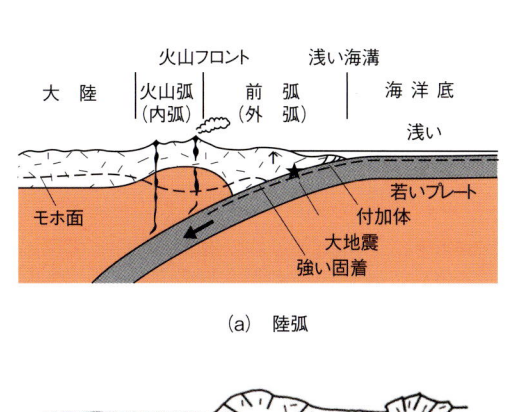

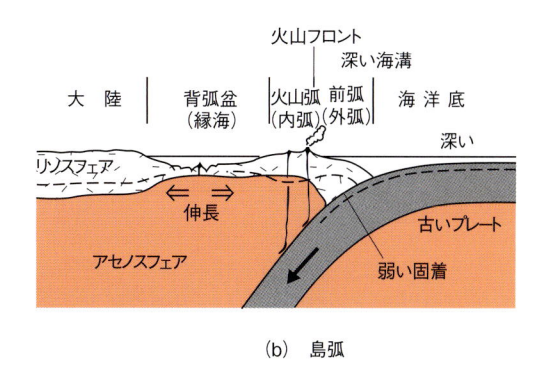

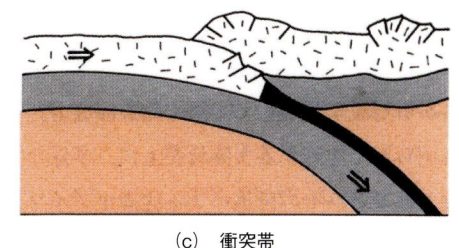

図6 狭まる境界（変動帯）の地形と構造（貝塚，1997a）

(a) 陸弧
(b) 島弧
(c) 衝突帯

　広がる境界（変動帯）の代表的な地形は，海洋底に存在する中央海嶺である．大西洋や太平洋に存在する中央海嶺は幅数百 km 以上，長さ数千 km に及ぶ世界最大の山脈である．しかし，広い幅に比べ大洋底からの起伏は 3 km 程度で，緩い坂とも呼べないような高まりの連なりである．陸上の山脈とはだいぶ様子が違う．中央海嶺の中軸部は地溝が連なり，玄武岩質の火山が存在する．プレートの拡大速度の違いにより火山の形態が異なり，拡大速度の速い地域では，明瞭な成層火山はできない．
　北大西洋のアイスランドは大西洋中央海嶺の中軸にホットスポットが重なった所であり，大量のマグマが噴出して島になった．中央海嶺が陸に現れる世界唯一の場所である．
　一方，大陸プレート内には広がる変動帯としてリフト帯が存在する．大陸の下にプリュームのわき出しやマントル対流等が生じて地殻が薄くなると，やがて大陸地殻は破断し正断層帯が生じる（図7）．また，浅い部分に深部から高密度のマントルが出てくるため，アイソスタシーでリフトの両側の地殻が盛り上がり山脈状の高まりをつくる．東アフリカ地溝帯，バイカル地溝，ライン地溝，北米のベーズン・アンド・レーンジなどがその例である．リフト帯には火山も現れる．アフリカの最高峰キリマンジャロ火山は　東アフリカ地溝帯の一部であるケニヤ地溝に位置している．大陸はプレート内にあるので，リフト帯はプレート境界とはいえないが，リフトの拡大が進むとやがて中軸部に海洋地殻が現れ，海嶺が生じる．つまり，リフト帯は大陸が分裂して，新しいプレート拡大境界が形成される初期の段階を示していると考えられる．アフリカプレートとアラビアプレートの境界にある紅海は，リフト帯が成長して海洋底拡大が始まった地域である．

　ずれる境界（変動帯）は前 2 者の境界と比べ起伏が小さくあまり目立たない．ずれた海溝軸や海嶺をつなぐトランスフォーム断層がこれに当たり，断層の方向はプレートの進行方向と一致する．大部分は海底にあるが，一部は陸上に姿を現す．そこでは小地形に相当する横ずれ谷や横ずれによる局所的な質量増加で土地が持ち上がるプレッシャーリッジのような，断層地形が認められることが多い．北米のサ

ンアンドレアス断層やニュージーランドのアルパイン断層がその例である．しかし，断層面への斜め圧縮力が強い場合には，ニュージーランド南島のアルパイン断層のように片側に山脈が生じることがある．ずれる境界にはマグマができないので，通常火山活動は認められない．

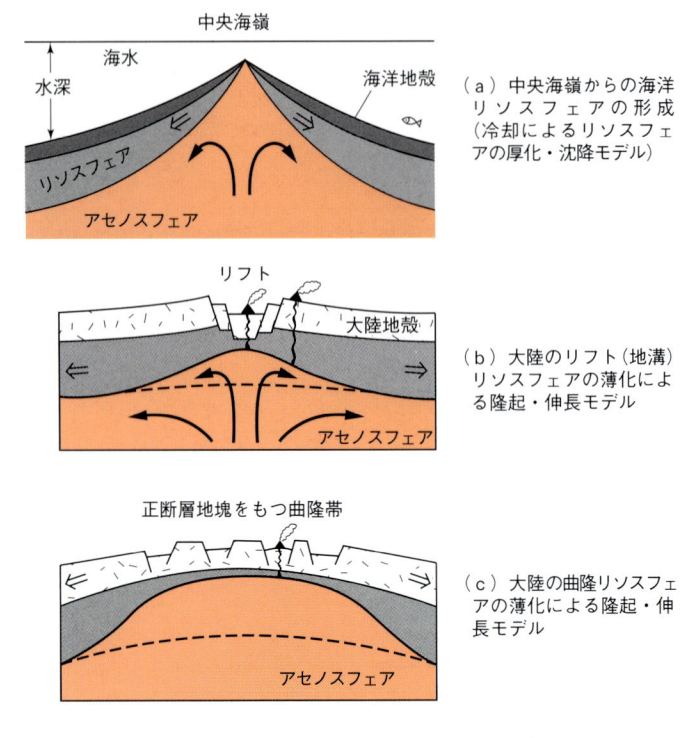

図7 広がる境界（変動帯）の構造（貝塚，1985）

（a）中央海嶺からの海洋リソスフェアの形成（冷却によるリソスフェアの厚化・沈降モデル）

（b）大陸のリフト（地溝）リソスフェアの薄化による隆起・伸長モデル

（c）大陸の曲隆リソスフェアの薄化による隆起・伸長モデル

3.3 断層運動による地形

内作用は一般に大規模な地形を形成するが，小〜微地形としては断層地形が作られる．これは過去の断層活動が累積して生じた地形の高度差や小規模な谷や尾根の横ずれとして認められる地形である．模式的な断層地形の例を図8に示す．最近まで断層運動が繰り返された証拠を持ち，今後も活動する可能性のある断層を特に活断層と呼んでいる．断層は地殻内の弱線であり，また，その両側で岩質が異なることが多いので，もう活動を終えた古い断層でも，断層に沿って侵食が進んで連続的な谷が作られたり，岩質の強弱の違いが高度差として現れたりする．このような地形は岩質の差を反映した組織地形と呼ばれる．断層運動でできた地形との違いは，その地形沿いに最近の断層活動を示す断層地形などの証拠が認められるかどうかである．すなわち，断層運動でできた地形なら，段丘面などかつて一連であった地形に，古いものほど大きくなる累積的なずれが生じていることや，谷や尾根がいくつも系統的に連続して同じ方向に屈曲していることなどが挙げられる．

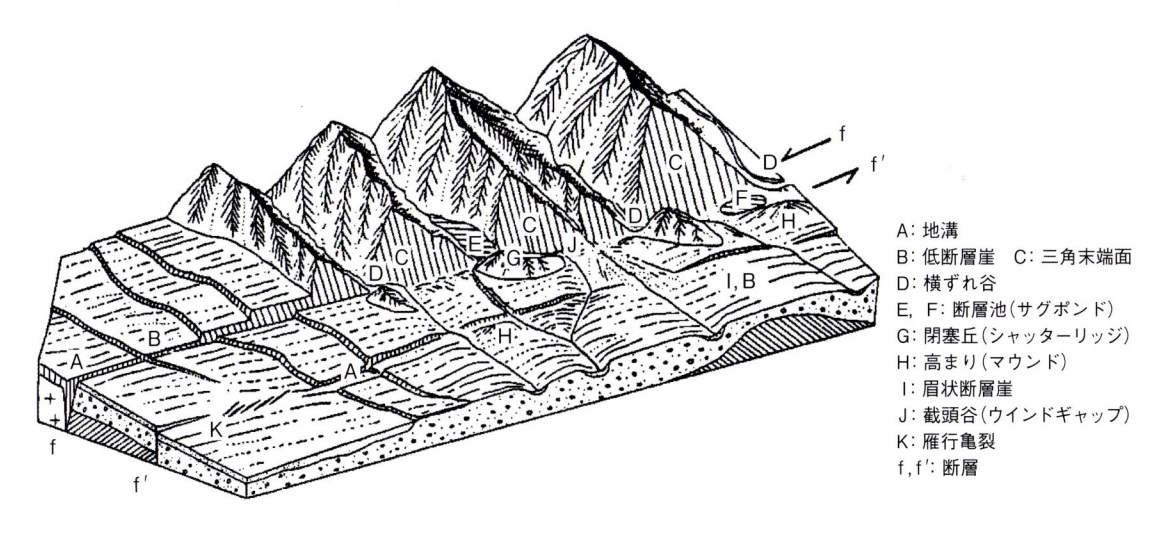

図8　活断層地形模式図　（松田・岡田，1968）

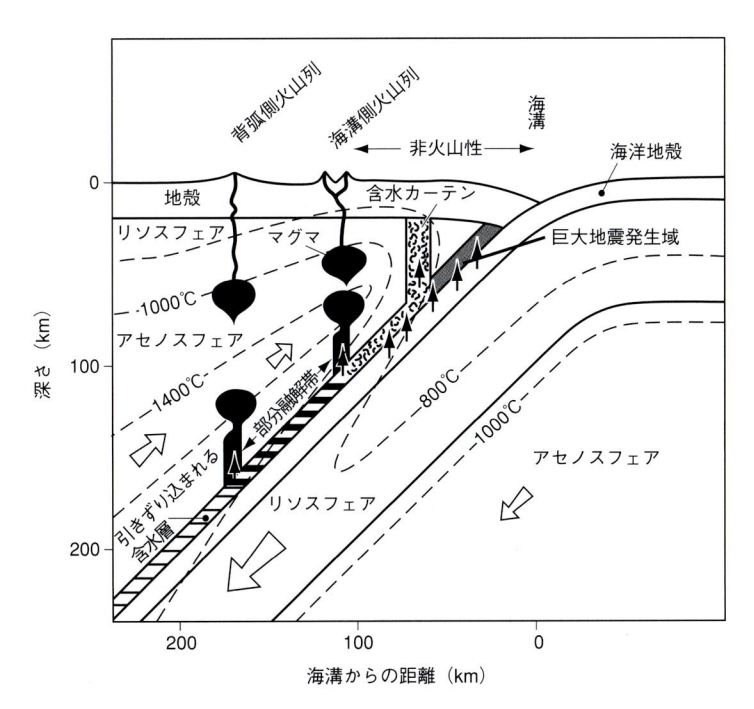

A: 地溝
B: 低断層崖　C: 三角末端面
D: 横ずれ谷
E, F: 断層池（サグポンド）
G: 閉塞丘（シャッターリッジ）
H: 高まり（マウンド）
I: 眉状断層崖
J: 截頭谷（ウインドギャップ）
K: 雁行亀裂
f, f': 断層

図9　沈み込み帯の地下構造と火山の形成　（巽，1995）

3.4　火山の形成

　このほか，火山も内作用の結果形成される．火山は地下から上昇してきたマグマが地表に噴き出したもので，火山岩が累積した高まりとなる．マグマの供給源は大きく2つに分けられる．一つはプレート境界に沿うものでプレートの沈み込みや中央海嶺でのマントルの湧き出しに関連して形成されたものである．沈み込み帯では深さ100 km付近でプレートから水が供給されるためマントルの融点が一番下がって，マグマが生じる．そのマグマが浮力でまっすぐ上昇して，上にある造山帯の部分に火山が生じる

のである (図9). マグマの貫入によって造山帯は更に高さを増すことになる.

もう一つはホットスポットである. これはマグマの供給源がマントルの深部にあり, そこから断続的にマグマが供給されて地表に火山が形成されるものである. 地表のプレートとは全く関係なくマグマが供給されるので, プレートが移動していると, その動きの軌跡として火山列が形成される. 海洋底には多数の海山列が認められるが, その末端には現在活動中の火山が存在する. この火山の位置がホットスポットである. 太平洋の天皇海山列に続くハワイ島, インド洋のレユニオン島などがその例である. 世界の主なホットスポットの位置を図4に示した.

◀ 4. 外作用の作る地形 ▶

4.1 流水 (河川・海) の作る地形

外作用の中で, 水による働きは地形形成に重要な役割を果たす. 雨や雪として地表に降った水は, 一部は蒸発したり地下深部に浸透したりするが, 大部分は表流水として重力に従って地表を流れ下り, 海や湖に達する. 一般に水域では物質を運ぶ力が弱まり, 侵食作用はほとんど無くなり堆積作用が卓越する. これに対し, 陸上では海や湖からの比高が増すほど侵食作用が卓越する. このため, 海や湖の水面は侵食作用が始まるところとして, 侵食基準面と呼ばれている.

湿潤地域では河川沿いに侵食作用が進み, 起伏の大きな上流部では特に著しい. 下流部では, 断層運動やせき止めなどで堆積の場が作られると平野や盆地が形成される. 日本では平野や盆地の大部分は断層運動や河口部での沿岸砂州によるせき止めなどによって形成された相対的な凹地であり, そこに山地から土砂が供給されて埋め立てられた平坦地が作られる.

平野の地形は上流から扇状地, 自然堤防帯, 三角州の3類型に分けられる (図10, 表4).

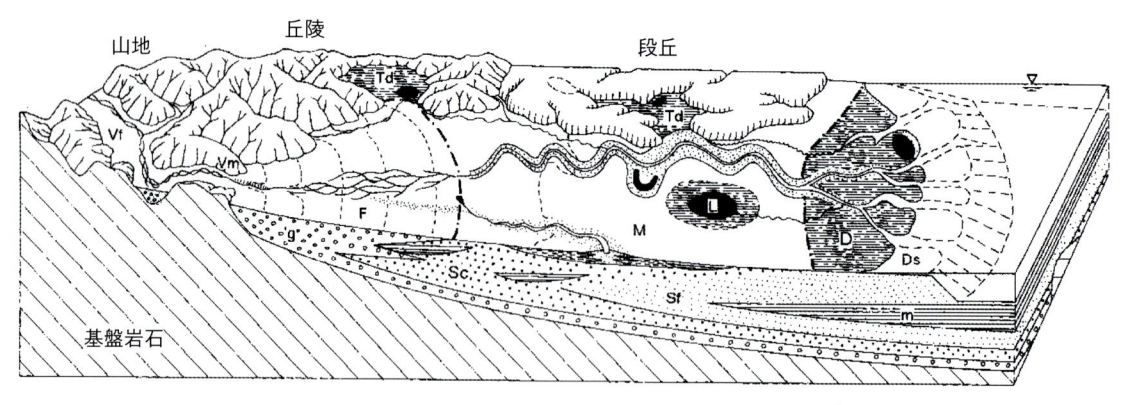

図10 平野の模式的な構造 (鈴木, 1998)　F: 扇状地　M: 自然堤防帯　D: 三角州

扇状地は河川が山地内の谷から盆地や平野に出るところに形成される. 河川は平野に出ると川幅の拡大などで水深が低下し, 物質を運ぶ力 (掃流力) が低下して粗粒な物質を落としていく. このようにして形成された扇状地は, 河川が運べなくなった礫質の粗粒堆積物で構成されている. 洪水時には運ばれてきた堆積物により河床の高度が高まるので, その後, 河川はより低い位置を流れ, 河道の位置が移る. 洪水のたび毎に谷の出口を固定点として振り子のように河道の位置が変わっていくので, 結果として扇形で半円錐状の扇状地が作られるのである.

扇状地の下流に続く自然堤防帯では勾配が緩くなり,河道は大きく蛇行する.洪水時には河道からあふれ出た洪水流に含まれる砂が,河道脇に堆積して自然堤防が作られる.その背後にはシルトが堆積して後背湿地が形成される(図11).蛇行河川は徐々に河道の位置が移動するので,取り残された旧河道が三日月湖となったりする.

平野の最下流部,河川が海や湖に注ぐところには粘土やシルト・砂で構成される三角州(デルタ)が形成される.三角州の形態は堆積物の供給と沿岸流の強さの関係で決まり,沿岸流が強いところでは円弧状三角州,弱いところでは,粘土の上を流れる河道は位置が移動しにくいため,細長い河道が沖に前進して砂やシルトを堆積する鳥趾状三角州が形成される(図12).

表4 河成平野を構成する主要3類型の比較.[ ]内は副次的なもの.(貝塚ほか編,1985を改変)

	類型 要素	扇状地(網状流地帯)	自然堤防帯(曲流地帯)	三 角 州
平野	形成環境	山麓平坦地〜谷底	山間の谷底〜河成平野	河口〜浅海[湖]
	形成作用	川の流水[土石流・泥流]	川の流水	川の流水と海[湖]水の流れ
	勾 配	大 (10^{-1}〜10^{-3})	中 (10^{-3}〜10^{-4})	小 ($<10^{-4}$)
	構成要素	河道・河道跡(網状流跡)	河道・河道跡(ポイントバー・三日月湖)・自然堤防・後背湿地	同左および河口州・水中の頂置面・前置斜面
	氾濫物質	礫・砂・シルト	砂・シルト・粘土	砂・シルト・粘土
	透水性	大(地下水面深く川からの透水大)	中(地下水と河川水の交流あり)	小(地下水面浅い)
河道	河岸物質	礫・砂[シルト]	砂・シルト	砂・シルト・粘土
	河床物質	礫・砂	砂[礫]	砂・シルト
	平面形	網状(全体としての屈曲は小)	屈曲大〜曲流(蛇行)	分岐[蛇行]
	移 動	側方移動大	側方移動大,蛇行の下流への移動も大	小
	河道幅(W)	大	中	中〜小
	水 深(H)	小	中	大
	W/H	大 (10^{-3}〜10^{-2})	中 (10^2〜10^3)	小 (10^2〜10^1)
河床	砂礫堆(砂州)	多列・大小の砂礫堆	単列(交互)砂礫堆[多列砂礫堆]	不明瞭

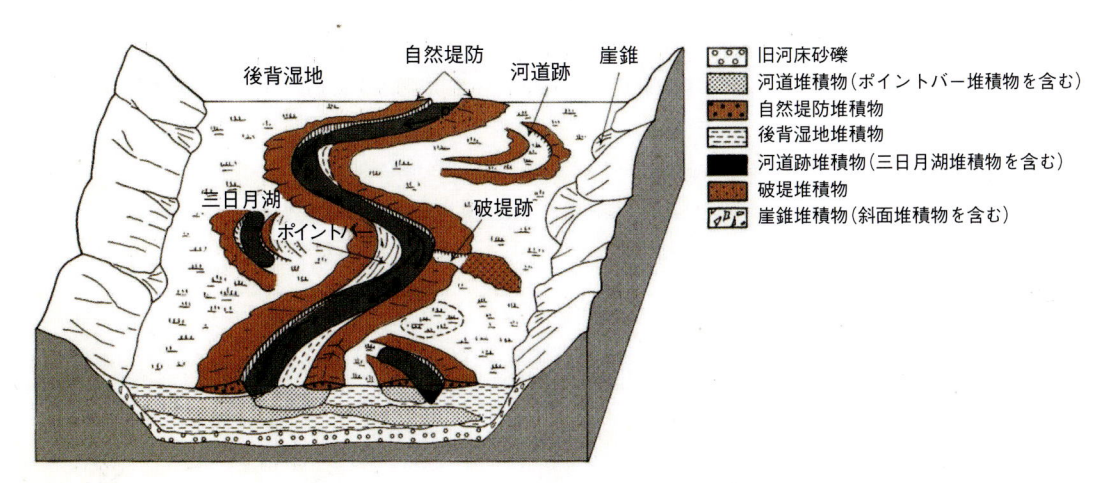

図11 自然堤防帯の模式地形と構造 (貝塚,1985)

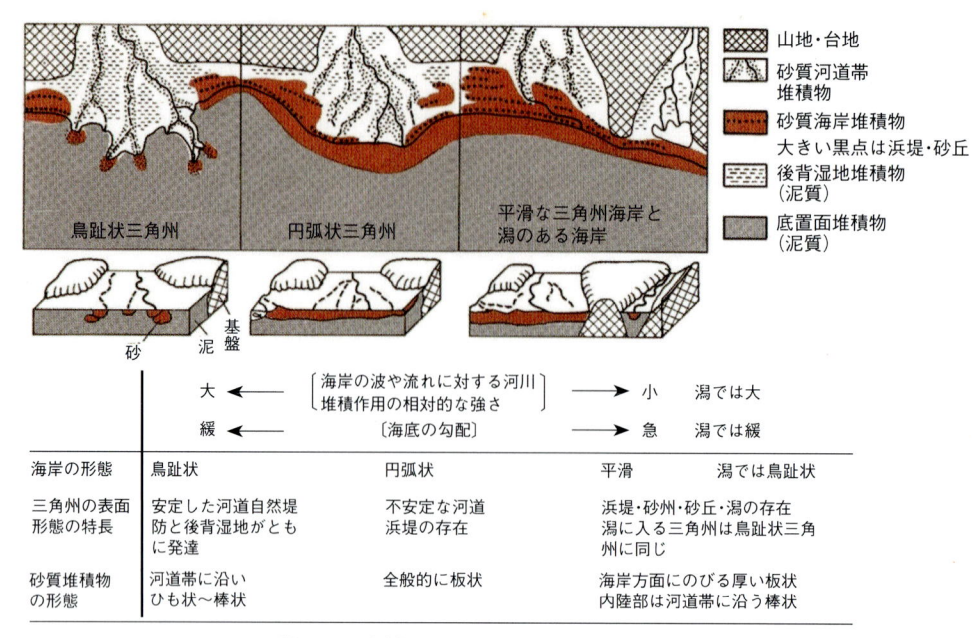

図12 三角州の形態と堆積物 (貝塚, 1985)

4.2 段丘地形

　段丘は河川や海岸に沿ってひな壇状に形成される平坦地で，河床高度や海水面高度が低下したために形成された昔の河道や海岸の跡である．1960年代以前は隆起運動が段丘の形成の主役と考えられていたが，70年代になり気候変化が河床高度の変化に大きく影響して河岸段丘の形成に深く関わっていることがわかってきた．すなわち，氷期には氷河性海水準変化のために海面高度が低下して，河口付近ではそれに合わせた谷の下刻が起きた．上流域では寒冷化によって山地の植被が衰退して裸地が増えるため，礫の生産が盛んになり，河道の埋積・上昇が起きた．結果として河川の勾配が増大した．一方，間氷期には河口近くでは海水準の上昇によって谷が埋まり，河道の位置が上昇した．上流域では温暖化により植被が回復して礫の生産が減り，河川の下刻が起きた．この結果，河川勾配は氷期よりずっと緩傾斜になった．河岸段丘はこのような河床勾配の変化によって形成されるが，これに地殻変動による土地の隆起が加わると，更に明瞭な段丘地形となる (図13, 14)．

　海岸段丘の形成にも氷河性海水準変化と地殻変動による隆起が深く関係している．図15には隆起・沈降などの地殻変動の様式の違いによって，形成される海岸段丘面の高さや地形面の数が変化することを示した．

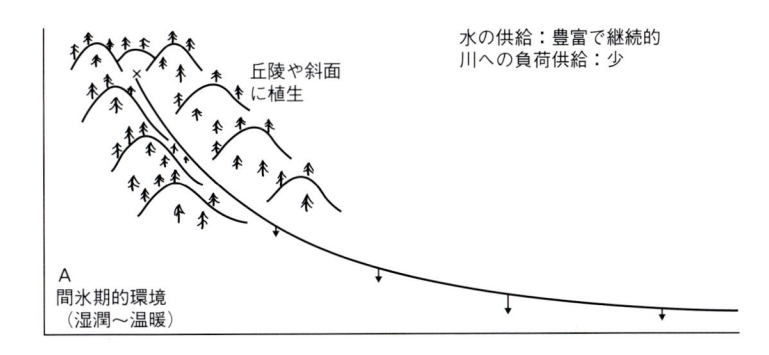

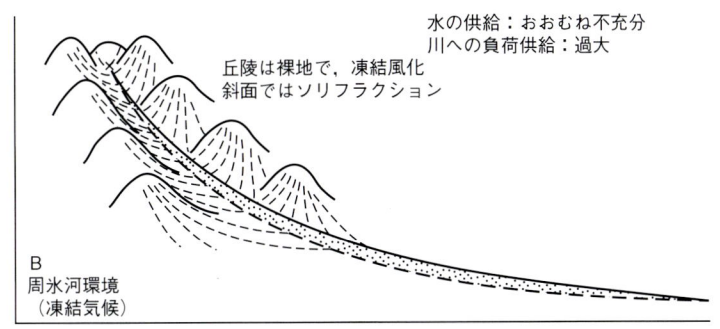

図 13 氷期・間氷期での河川上流域の環境変化（貝塚, 1985）
A：間氷期．植生が山地・丘陵地を覆い，堆積物の供給が減るため河川は下刻する．
B：氷期．山地・丘陵は周氷河環境で裸地化．礫の生産が増え谷は堆積物で埋まる．

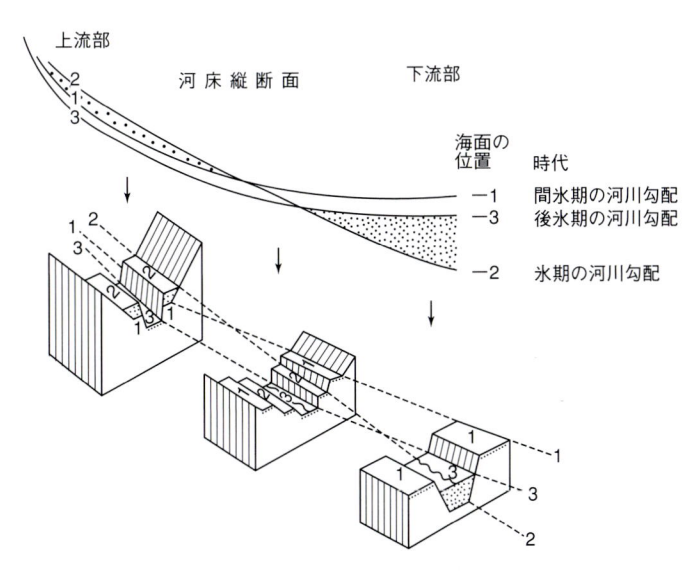

図 14 氷期・間氷期の河川縦断形と段丘形成モデル（貝塚, 1985）

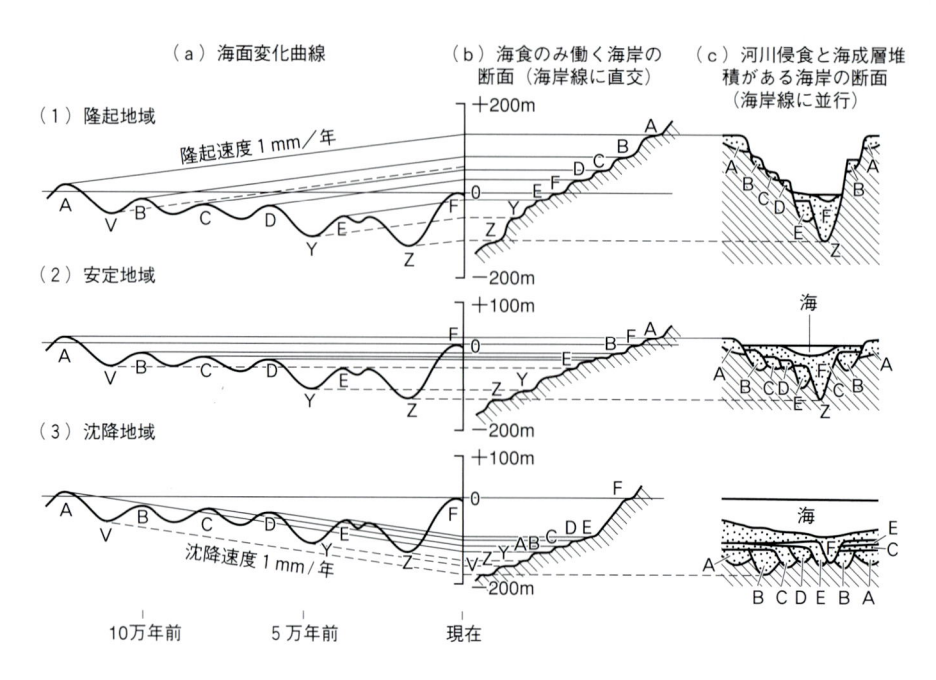

図 15 海水準変化と地殻変動様式の違いによる段丘形成モデル（貝塚，1978）

高海水準期にある現在の沿岸域においては，安定地域や沈降地域の場合，過去の低海面期に作られた地形面は新しい堆積物に埋められている．

4.3 氷や凍結・融解作用でできる地形

　主に氷期に山地や大陸に形成された氷河や大規模な氷床は，低い方向に移動し地表の岩石を削剥する．また，氷河の移動には重力によるすべりだけでなく，氷河自体の流動が大きく作用している．このため削られた岩屑は氷河の中を動いて前面や側面，底面に濃集する．氷河が後退した跡には，U字谷やカール（圏谷）などの氷食地形や，モレーン（堆石）などの岩屑堆積地形，氷河に関連した湖やその跡が認められる．これらを氷河地形という．図 16,17 には大陸氷床縁辺部で氷河の後退によって形成された小〜微地形の例を示す．北ヨーロッパや北米など，氷期に大陸氷床に覆われた地域にはこのような地形が沢山残っていて，その成因や形成過程を考察することから初期の地形学は発展していった．

　スカンジナビア半島などに見られるフィヨルドや細長い湖は氷河が海へ向かって流れていく際に削りこんだU字谷に，後氷期になって水が浸入したものである．スイスアルプスのマッターホルン，米国，ヨセミテ国立公園のハーフドームなどの垂直に近い急斜面は，かつてそこを覆っていた山岳氷河のU字谷の谷壁の一部である．

4.4 周氷河地形

　氷河が分布する地域と温帯地域との間には，凍土が形成される周氷河地域が存在する．寒冷が強い地域では夏に凍土が融けきらず，1年を通して凍土が存在する永久凍土地域となる．地表部分は冬期の凍結，夏期の融解を繰り返すので，水の凍結による体積膨張，融解による縮小や流動を繰り返して表層物質の移動や分級，突き上げなどが起きる．また，表層の融解土が重力作用によって，斜面を流動する（ソリフラクション）ことが起きる．この結果，多角形土，階状土，アースハンモック（網状土）などの構造土（patterned ground）や，ソリフラクションで大きな岩屑が斜面を覆う岩屑斜面などの微〜微細地形を主とする周氷河地形が形成される．図 18〜20 にはその事例を示す．

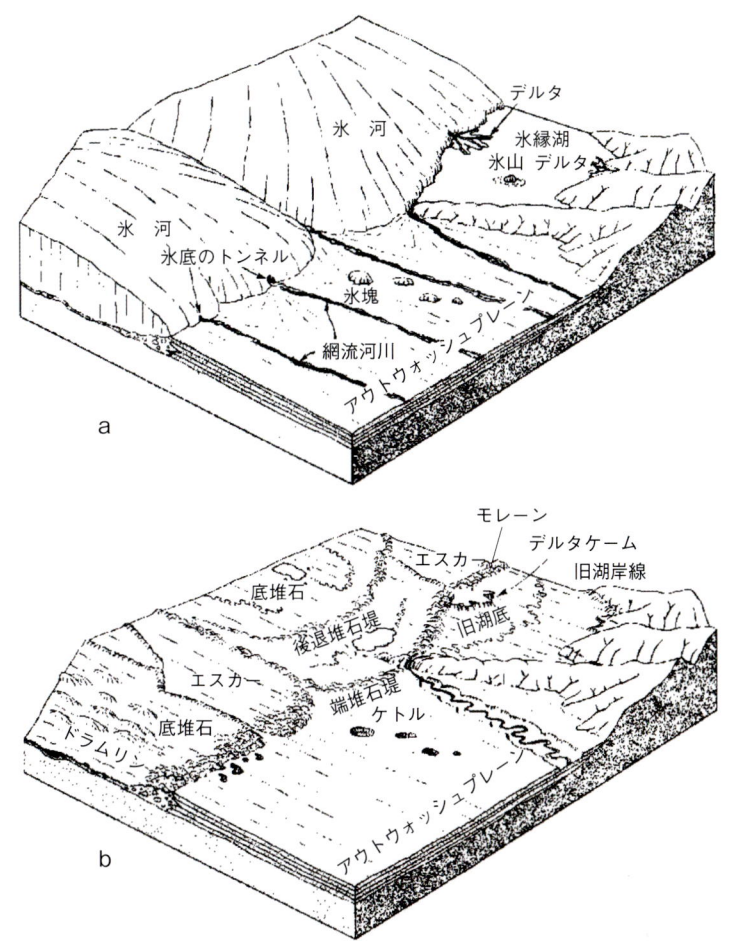

図16 大陸氷床末端付近の地形（Strahler, 1975を改変，小疇，1985）
a：氷床に覆われ，その前面にアウトウォッシュプレーン（平野）が形成． b：氷床後退で，その跡にモレーン（堆石堤）などが残される．

図17 米国カリフォルニア Walker Creek のモレーン（撮影：山崎晴雄）

凍結・融解作用は周氷河地域の全斜面で発達し，ソリフラクションなどによって，全体に丸みを持った地形が現れる．日本でも北海道は氷期に周氷河地域となった．飛行機で北海道に行くと，千歳空港の近くで低い高度を飛行するが，本州とは異なる丸みを持った山地や丘陵の斜面が認められる．

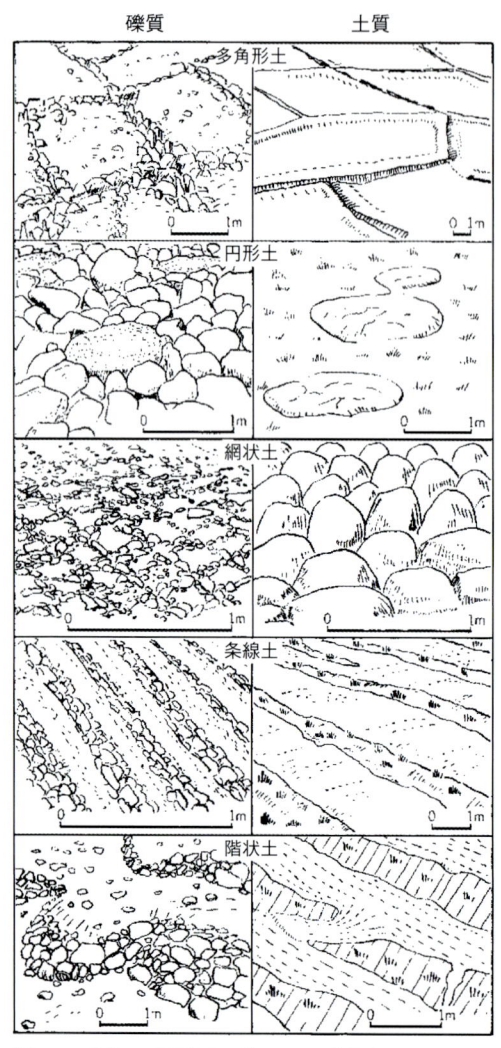

図18 凍結・融解作用で作られる構造土のパターン（岩田，1981）

図19 アースハンモック（モンゴル・ウランバートル郊外）（撮影：山崎晴雄）

図20 多角形土（チベット・ヤンパーチン近郊）（撮影：山崎晴雄）
凍結・融解のくり返しで平面的に礫が六角形のリング状に集積

4.5 風の作る地形

水のほかに物質を動かす媒体は大気，すなわち風である．水に比べるとその営力は極めて弱いが，流水や氷と同様に重力の作用が加わって，地表の物質を削り，運び，堆積させる．作られる地形の規模は小〜微細地形である．主な地形は風食と砂丘である．

風食は主に乾燥地域で，風化した岩石の粒子を風が吹き飛ばすために生じる．キノコ状の岩など特異な地形を作る．

砂丘は乾燥地域や海岸などで，風で砂が移動するために様々な地形ができる（図11.6参照）．砂丘の

規模は波長で表され，波長数 cm〜数 m の小さなものは砂漣（リップル），数 m〜数百 m のものは砂丘（デューン），さらに大きなものはドラ（draa）と呼ばれる．砂の供給量，風の強さ，被植の程度によって図 21 のようにいくつかの形態に区別される．その事例は本文図 11.2, 3 を参照．

　砂丘は植物や堆積物に覆われると移動は止まり，一種の化石として残される．これは過去の気候や風向きを含めた古環境の様子を物語ってくれる．

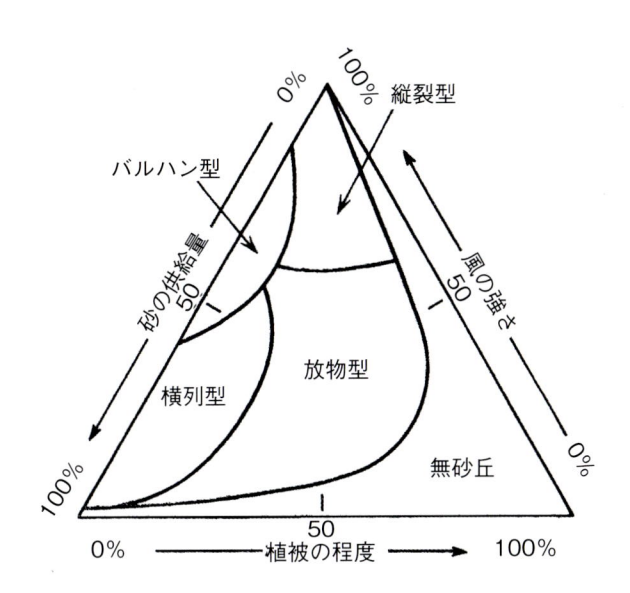

図 21　砂丘の形態とそれを作る要因（Hack, 1941 を改変：野上，1985）

■ 文　献

Bloom, A.L.(1978)：*Geomorphology: Systematic analysis of late Cenozoic landforms*, Prentice-Hall, New Jersey, 510p.
Hack, J.T.(1941)：*Dunes of the Western Navajo Country*, Geographical Review, 31, 260.
岩田修二（1981）：構造土，町田　貞ほか編「地形学辞典」，二宮書店，184．
貝塚爽平（1978）：第 5 章　変動する第四紀の地球表面，笠原慶一・杉村　新編，岩波講座地球科学 10，変動する地球 I ―現在及び第四紀―，岩波書店，183-242．
貝塚爽平（1985）：第 1 章　序説―地形形成要因，貝塚爽平ほか編，写真と図で見る地形学，東京大学出版会，2-11．
貝塚爽平（1997a）：世界の変動地形と地質構造，貝塚爽平編，世界の地形，東京大学出版会，3-15．
貝塚爽平（1997b）：世界の流水地形，貝塚爽平編，世界の地形，東京大学出版会，93-107．
貝塚爽平（1998）：発達史地形学，東京大学出版会，286p．
貝塚爽平・太田陽子・小疇　尚・小池一之・野上道男・町田　洋・米倉伸之（1985）：写真と図で見る地形学，東京大学出版会，241p．
小疇　尚（1985）：第 9 章　氷河地形　解説，貝塚爽平ほか編，写真と図で見る地形学，東京大学出版会，116-121．
町田　洋・大場忠道・小野　昭・山崎晴雄・河村善也・百原　新（2003）：第四紀学，朝倉書店，325p．
野上道男（1985）：第 6 章　風の作る地形　解説　6-1 さまざまな砂丘と風食地形，貝塚爽平ほか編，写真と図で見る地形学，東京大学出版会，80-83．
松田時彦・岡田篤正（1968）：活断層，第四紀研究，7，188-199．
Strahler, A.N.(1975)：*Physical Geography*(4th ed.), John Wiley & Sons, 643p.
鈴木隆介（1998）：建設技術者のための地形図読図入門　2．低地，古今書院，554p．
巽　好幸（1995）：沈み込み帯のマグマ学―全マントルダイナミクスに向けて―，東京大学出版会，186p．
上田誠也（1989）：プレートテクトニクス，岩波書店，268p．
山崎晴雄（2003）：3．地殻の変動―第四紀地殻変動の特質と由来―，町田　洋ほか編著，第四紀学，朝倉書店，40-75．

宇宙から見た地形

―日本と世界―

定価はカバーに表示

2010年2月25日　初版第1刷

編集者	加　藤　碵　一
	山　口　　　靖
	渡　辺　　　宏
	山　崎　晴　雄
	汐　川　雄　一
	薦　田　麻　子
発行者	朝　倉　邦　造
発行所	株式会社　朝倉書店

東京都新宿区新小川町6-29
郵便番号　162-8707
電　話　03(3260)0141
FAX　03(3260)0180
http://www.asakura.co.jp

〈検印省略〉

©2010 〈無断複写・転載を禁ず〉　　　　中央印刷・渡辺製本

ISBN 978-4-254-16347-6　C 3025　　　　Printed in Japan

宇宙から見た地質
―日本と世界―

産総研 加藤碵一・名大 山口 靖・環境研 渡辺 宏・資源・環境観測解析センター 薦田麻子編

16344-5 C3025　　B5判 160頁 本体7400円

ASTER衛星画像を活用して世界の特徴的な地質をカラーで魅力的に解説。〔内容〕富士山／三宅島／エトナ火山／アナトリア／南極／カムチャツカ／セントヘレンズ／シナイ半島／チベット／キュプライト／アンデス／リフトバレー／石林／など

地形変化の科学
―風化と侵食―

筑波大 松倉公憲著

16052-9 C3044　　B5判 256頁 本体5800円

日本に頻発する地すべり・崖崩れや陥没・崩壊・土石流等の仕組みを風化と侵食という観点から約260の図写真と豊富なデータを駆使して詳述した理学と工学を結ぶ金字塔。〔内容〕風化プロセスと地形／斜面プロセス／風化速度と地形変化速度

図説 日本の河川

前農工大 小倉紀雄・九大 島谷幸宏・大阪府大 谷田一三編

18033-6 C3040　　B5判 176頁 本体4300円

日本全国の53河川を厳選しオールカラーで解説〔内容〕総説／標津川／釧路川／岩木川／奥入瀬川／利根川／多摩川／信濃川／黒部川／柿田川／木曽川／鴨川／紀ノ川／淀川／斐伊川／太田川／吉野川／四万十川／筑後川／屋久島／沖縄／他

亜熱帯・暖温帯多雨林

前東大 大澤雅彦監訳
世界自然環境大百科6

18516-4 C3340　　A4変判 436頁 本体28000円

日本の気候にも近い世界の温帯多雨林地域のバイオーム、土壌などを紹介し、動植物の生活などをカラー図版で解説。そして世界各地における人間の定住、動植物資源の利用を管理や環境問題をからめながら保護区と生物圏保存地域までを詳述

オックスフォード 地球科学辞典

前早大 坂 幸恭監訳

オックスフォード辞典シリーズ

16043-7 C3544　　A5判 720頁 本体15000円

定評あるオックスフォードの辞典シリーズの一冊"Earth Science (New Edition)"の翻訳。項目は五十音配列とし読者の便宜を図った。広範な「地球科学」の学問分野――地質学、天文学、惑星科学、気候学、気象学、応用地質学、地球化学、地形学、地球物理学、水文学、鉱物学、岩石学、古生物学、古生態学、土壌学、堆積学、構造地質学、テクトニクス、火山学などから約6000の術語を選定し、信頼のおける定義・意味を記述した。新版では特に惑星探査、石油探査における術語が追加された

地質学ハンドブック

加藤碵一・脇田浩二総編集
今井 登・遠藤祐二・村上 裕編

16240-0 C3044　　A5判 712頁 本体23000円

地質調査総合センターの総力を結集した実用的なハンドブック。研究手法を解説する基礎編、具体的な調査法を紹介する応用編、資料編の三部構成。〔内容〕〈基礎編：手法〉地質学／地球化学（分析・実験）／地球物理学（リモセン・重力・磁力探査）／〈応用編：調査法〉地質体のマッピング／活断層（認定・トレンチ）／地下資源（鉱物・エネルギー）／地熱資源／地質災害（地震・火山・土砂）／環境地質（調査・地下水）／土木地質（ダム・トンネル・道路）／海洋・湖沼／惑星（隕石・画像解析）／他

地震の事典（第2版）

元東大 宇津徳治・前東大 嶋 悦三・日大 吉井敏尅・東大 山科健一郎編

16039-0 C3544　　A5判 676頁 本体23000円

東京大学地震研究所を中心として、地震に関するあらゆる知識を系統的に記述。神戸以降の最新のデータを含めた全面改訂。付録として16世紀以降の世界の主な地震と5世紀以降の日本の被害地震についてマグニチュード、震源、被害等も列記。〔内容〕地震の概観／地震観測と観測資料の処理／地震波と地球内部構造／変動する地球と地震分布／地震活動の性質／地震の発生機構／地震に伴う自然現象／地震による地盤振動と地震災害／地震の予知／外国の地震リスト／日本の地震リスト

火山の事典（第2版）

前東大 下鶴大輔・前東大 荒牧重雄・前東大 井田喜明・東大 中田節也編

16046-8 C3544　　B5判 592頁 本体23000円

有珠山、三宅島、雲仙岳など日本は世界有数の火山国である。好評を博した第1版を全面的に一新し、地質学・地球物理学・地球化学などの面から主要な知識とデータを正確かつ体系的に解説。〔内容〕火山の概観／マグマ／火山活動と火山帯／火山の噴火現象／噴出物とその堆積物／火山の内部構造と深部構造／火山岩／他の惑星の火山／地熱と温泉／噴火と気候／火山観測／火山災害と防災対応／外国の主な活火山リスト／日本の火山リスト／日本と世界の火山の顕著な活動例

上記価格（税別）は2010年1月現在